教育部　财政部中等职业学校教师素质提高计划成果

通信技术专业师资培训包开发项目（LBZD037）

通信技术专业教师
教学能力标准、培训方案和
培训质量评价指标体系

Tongxin Jishu Zhuanye Jiaoshi Jiaoxue Nengli Biaozhun,

Peixun Fang'an He Peixun Zhiliang Pingjia Zhibiao Tixi

教育部　财政部　组编

曾　翎　主编

万　红　段景山　执行主编

U0305953

中国铁道出版社

２０１２年·北京

内 容 简 介

本书为教育部、财政部实施的中等职业学校教师素质提高计划成果,通信技术专业师资培训包开发项目(LBZD037)的主要成果之一,包括中等职业学校通信技术专业教师教学能力标准、中等职业学校通信技术专业教师培训方案(上岗、提高、骨干三个层级)、通信技术专业教师培训质量评价指示体系等三项成果。

本书是中等职业学校通信技术专业教师上岗层级、提高层级、骨干层级的培训指导用书,也可作为各级通信技术专业教师培训的指导与参考用书。

图书在版编目(CIP)数据

通信技术专业教师教学能力标准、培训方案和培训质量评价指标体系/教育部,财政部组编. —北京:中国铁道出版社,2012.3

教育部 财政部中等职业学校教师素质提高计划成果通信技术专业师资培训包开发项目.LBZD037

ISBN 978-7-113-14405-0

Ⅰ.①通… Ⅱ.①教…②财… Ⅲ.①通信技术-中等专业学校-师资培训-教材 Ⅳ.①TN91

中国版本图书馆 CIP 数据核字(2012)第 044422 号

书　　名:通信技术专业教师教学能力标准、培训方案和培训质量评价指标体系
作　　者:教育部　财政部　组编

责任编辑:金　锋　　编缉部电话:010-51873125　　电子信箱:jinfeng88428@163.com
封面设计:崔丽芳
责任校对:张玉华
责任印制:李　佳

出版发行:中国铁道出版社 (100054.北京市西城区右安门西街8号)
网　　址:http://www.tdpress.com
印　　刷:北京市昌平开拓印刷厂
版　　次:2012年3月第1版　2012年3月第1次印刷
开　　本:787mm×1092mm　1/16　印张:5.75 字数:131千
印　　数:1~2000册
书　　号:ISBN 978-7-113-14405-0
定　　价:15.00元

教育部　财政部中等职业学校教师素质提高计划成果系列丛书

通信技术专业师资培训包开发项目
（LBZD037）

项目牵头单位　电子科技大学

项目负责人　曾　翎

出版说明

　　根据 2005 年全国职业教育工作会议精神和《国务院关于大力发展职业教育的决定》（国发［2005］35 号），教育部、财政部 2006 年 12 月印发了《关于实施中等职业学校教师素质提高计划的意见》（教职成［2006］13 号），决定"十一五"期间中央财政投入 5 亿元用于实施中等职业学校师资队伍建设相关项目。其中，安排 4 000 万元，支持 39 个培训工作基础好、相关学科优势明显的全国重点建设职教师资培养培训基地牵头，联合有关高等学校、职业学校、行业企业，共同开发中等职业学校重点专业师资培训方案、课程和教材（以下简称"培训包项目"）。

　　经过四年多的努力，培训包项目取得了丰富成果。一是开发了中等职业学校 70 个专业的教师培训包，内容包括专业教师的教学能力标准、培训方案、专业核心课程教材、专业教学法教材和培训质量评价指标体系 5 方面成果。二是开发了中等职业学校校长资格培训、提高培训和高级研修 3 个校长培训包，内容包括校长岗位职责和能力标准、培训方案、培训教材、培训质量评价指标体系 4 方面成果。三是取得了 7 项职教师资公共基础研究成果，内容包括中等职业学校德育课教师、职业指导和心理健康教育教师培训方案、培训教材，教师培训项目体系、教师资格制度、教师培训教育类公共课程、职业教育教学法和现代教育技术、教师培训网站建设等课程教材、政策研究、制度设计和信息平台等。上述成果，共整理汇编出 300 多本正式出版物。

　　培训包项目的实施具有如下特点：一是系统设计框架。项目成果涵盖了从标准、方案到教材、评价的一整套内容，成果之间紧密衔接。同时，针对职教师资队伍建设的基础性问题，设计了专门的公共基础研究课题。二是坚持调研先行。项目承担单位进行了 3 000 多次调研，深度访谈 2 000 多次，发放问卷 200 多万份，调研范围覆盖了 70 多个行业和全国所有省（区、市），收集了大量翔实的一手数据和材料，为提高成果的科学性奠定了坚实基础。三是多方广泛参与。在 39 个项目牵头单位组织下，另有 110 多所国内外高等学校和科研机构、260 多个行业企业、36 个政府管理部门、277 所职业院校参加了开发工作，参与研发人员 2 100 多人，形成了政府、学校、行业、企业和科研机构共同参与的研发模式。四是突出职教特色。项目成果打破学科体系，根据职业学校教学特点，结合产业发展实际，将行动导向、工作过程系统化、任务驱动等理念应用到项目开发中，体现了职教师资培训内容和方式方法的特殊性。五是研究实践并进。几年来，项目承担单位在职业学校进行了 1 000 多次成果试验。阶段性成果形成后，在中等职业学校专业骨干教师国家级培训、省级培训、企业实践等活动中先行试用，不断总结经验、修改完善，提高了项目成果的针对性、应用性。六是严格过程管理。两部成立了专家指导委员会和项目管理办公室，在项目实施过程中先后组织研讨、培训和推进会近 30 次，来自职业教育办学、研究和管理一线的数十位领导、专家和实践工作者对成果进行了严格把关，确保了项目开发的正确方向。

作为"十一五"期间教育部、财政部实施的中等职业学校教师素质提高计划的重要内容，培训包项目的实施及所取得的成果，对于进一步完善职业教育师资培训培训体系，推动职教师资培训工作的科学化、规范化具有基础性和开创性意义。这一系列成果，既是职教师资培养培训机构开展教师培训活动的专门教材，也是职业学校教师在职自学的重要读物，同时也将为各级职业教育管理部门加强和改进职教教师管理和培训工作提供有益借鉴。希望各级教育行政部门、职教师资培训机构和职业学校要充分利用好这些成果。

为了高质量完成项目开发任务，全体项目承担单位和项目开发人员付出了巨大努力，中等职业学校教师素质提高计划专家指导委员会、项目管理办公室及相关方面的专家和同志投入了大量心血，承担出版任务的 11 家出版社开展了富有成效的工作。在此，我们一并表示衷心的感谢！

编写委员会

2011 年 10 月

前　言

　　本书是教育部和财政部实施的"中等职业学校教师素质提高计划"中"通信技术专业师资培训包开发项目（LBZD037）"的开发成果之一。"师资培训包"开发项目包括教师教学能力标准、培训方案、培训质量评价指标体系、核心课程教材、专业教学法教材共五个主要成果。这五方面内容互相依托、相互配合，构建起适应当前中职通信技术专业教师需要的培训平台。本书包含中职通信技术专业教师教学能力标准、培训方案和培训质量评价指标体系三部分内容：通过制定教师能力标准，使专业教师的培训工作有据可循；提供师资培训的参考方案使培训工作具备可操作性，以取得切实有效的培训成果；规划培训质量评价体系使培训效果可量化、可评估，以评促建，促进师资培训工作进一步完善。

　　"中职通信技术专业师资培训包开发项目"由电子科技大学牵头，项目合作单位包括四川邮电职业技术学院、四川职业技术学院和苏州工业园区职业技术学院。项目负责人曾翎（电子科技大学），项目牵头实施负责人段景山（电子科技大学）、杨忠孝（电子科技大学），项目参研主要成员还有傅德月（四川邮电职业技术学院）、万红（四川邮电职业技术学院）、朱永金（四川职业技术学院）、王应海（苏州工业园区职业技术学院）、屈有安（苏州工业园区职业技术学院）、成友才（四川职业技术学院）、陈国光（重庆三峡水电学校）、姚先知（四川省遂宁市职业技术学校）、王华（成都恒益实用技术职业培训学校）等。同时，本项目邀请了大量的中职学校和一线优秀骨干教师作为参研单位和人员。

　　中职通信技术专业教师教学能力标准制定了从事本专业教学的三个层级（上岗、提高和骨干层级）教师所应具备的专业教学和专业实践技能的细致内容和衡量指标。专业教师教学能力标准分为两个部分：专业教师实践能力标准和专业教师课程教学能力标准。专业实践能力标准部分包含四个模块：1. 用户终端维修；2. 宽带服务；3. 通信线务；4. 通信机务。从终端、服务、线路到核心机房机务，基本覆盖了通信系统的各个技术层面，每个模块由若干能力单元构成。专业课程教学能力标准以专业教学过程各个环节的开展为顺序，包括 9 个能力单元：1. 专业建设与课程开发；2. 制定培养方案；3. 教学设计；4. 教学准备；5. 实施教学；6. 教学评价；7. 教学指导；8. 教学研究；9. 教学改革。在能力标准中，每个能力单元进一步细化为构成能力单元的主要的能力要素和要素的表现指标。在标准的附件中，本书详细介绍了标准的制定过程、主要依据和设计思路，读者利用这些背景材料可以更好地把握标准设计意图，以更准确地解读标准中的各项指标。

中职通信技术专业教师培训方案依据专业教师教学能力标准，从教师政治思想和职业道德水准、专业知识与专业技能、教育教学能力和学术、科研能力等方面为本专业教师制订了详细、周密、全面的培训计划。培训方案分为三个培训层级：上岗层级、提高层级和骨干层级，培训内容以模块化方式进行组织实施。

专业教师培训质量评价指标体系是以培训质量为中心的综合性评价，不单纯地只是对培训机构、培训内容或参培教师某一方面的评价。培训质量评价指标体系在空间维度上围绕培训方案、培训条件、培训管理及培训效果等方面详细设定评价指标；在时间维度上，针对培训过程的不同阶段和不同评价对象均设有相应的评价指标，如培训前针对教师、培训机构和企业的情况调查，培训过程中针对培训机构管理情况和教师受训感受，培训后对培训效果评价分析等，设计出数十个辅助评价的调查表和评价表，力求使评价内容全面，评价方式科学，可操作性强。

本书由曾翎主编，万红、段景山执行主编，杨忠孝、朱永金任执行副主编。在本书的编写开发过程中，得到了教育部专家委员会邓泽民、姜大源、夏金星、徐肇杰等专家的悉心指导，保证了本书的质量和编写工作的顺利进行，在此表示衷心感谢。

由于编者的能力和水平有限，书中难免出现不妥或疏漏之处，敬请读者不吝赐教、指正。

编　者

2011 年 8 月

目　录

中等职业学校通信技术专业
教师教学能力标准

主　编：曾　翎（电子科技大学）

主要研发人员：万　红（四川邮电职业技术学院）

段景山（电子科技大学）

杨忠孝（电子科技大学）

朱永金（四川职业技术学院）

刁　碧（四川邮电职业技术学院）

甘忠平（四川邮电职业技术学院）

马康波（四川邮电职业技术学院）

陈昌海（四川邮电职业技术学院）

罗晓东（四川邮电职业技术学院）

陈小东（四川邮电职业技术学院）

施　刚（四川邮电职业技术学院）

　　本标准在通信技术专业教师应具备的职业道德、基本知识和一般能力的基础上，按照中等职业学校通信技术专业教师职业的需求，分为教学能力标准和实践能力标准，制定了相应的能力领域、能力单元、能力要素和能力表现指标。在标准中一级阿拉伯数字编号的标题为能力领域，二级阿拉伯数字编号标题为能力单元，三级阿拉伯数字编号标题为能力要素，四级阿拉伯数字编号标题为能力要素的表现指标。

　　本能力标准的主体内容是对中等职业通信技术专业教师能力在上岗层级的要求，即为教师能力的最低要求。为了体现标准的导向性，对专业提高层级（加"＊"）和骨干层级（加"＊＊"）教师应能达到的要求同样做出了规定。

专业实践能力标准

上岗层级的教师在专业技能上,根据自身所从事教学任务的需要,应至少能达到用户终端维修、宽带服务、通信线务三个模块中任意一个模块的上岗层级要求,或在通信机务模块中达到通信交换系统维护、移动通信基站维护、通信动力系统维护、通信传输系统维护的任意一个子模块的上岗层级要求。

提高层级教师应努力提升自身技能的熟练度和广度,在课程建设和教学工作中起到重要作用。因此要求提高层级在用户终端维修、宽带服务、通信线务三个模块中应能达到其中任意一个模块的提高层级要求,和在通信机务模块中达到通信交换系统维护、移动通信基站维护、通信动力系统维护、通信传输系统维护的任意一个子模块的提高层级要求。

骨干层级教师应对通信系统有比较全面的认识,多专多能,才能承担起专业建设、和专业教学指导的重任。骨干层级教师应至少能达到用户终端维修、宽带服务模块和通信线务中任两个子模块的骨干层级要求;以及在"通信系统机务"模块中应达到"交换通信系统维护"子模块的要求和"移动通信基站维护"、"通信动力系统维护"、"通信传输系统维护"中任意一个子模块的骨干层级要求。

注:在教育部发布的《中职学校专业目录》2010修订版中,从现有通信技术专业中,将"宽带服务"和"通信线务"划分出去,形成一个新的专业"通信系统工程安装与维护"。由于历史原因,基于两个专业具有相同基础及能力标准的模块化设计风格,本标准中还是将这两个模块放入,教师仍可根据需要自由选择。

模块一 用户终端维修

1 固定电话维修

1.1 工作准备

1.1.1 仪表仪容

1.1.1.1 能做到统一着装,穿戴整洁、合身,纽扣齐全

1.1.1.2 能正确佩戴服务卡

1.1.2 环境准备

1.1.2.1 能合理安排工作场地

1.1.2.2 能做到工作现场干净整齐

1.1.2.3 能正确摆放工作台面的物品

1.1.3 物品准备

1.1.3.1 能熟练备齐所需的维修工具

1.1.3.2 能熟练备齐所需的零配件

1.1.4 资讯准备

1.1.4.1 能准备维修申请单、维修日志等材料

1.1.4.2 能准备固定电话机说明书和电路图等材料

1.2 接待服务

1.2.1 接待客户

1.2.1.1 能掌握固定电话机维修的业务种类

1.2.1.2 能对比介绍各种型号固定电话机的质量、性能、价格和操作方法

1.2.1.3 能判断常用型号固定电话机的简易故障

1.2.1.4 能正确受理客户的查询业务

1.2.1.5 能解答客户咨询的简易业务问题

1.2.2 受理维修业务

1.2.2.1 能指导客户填写维修申请单据

1.2.2.2 能正确受理固定电话机维修各种业务

1.2.2.3 能检查分析并及时处理业务中的差错

1.3 维修服务

1.3.1 维修普通电话机

1.3.1.1 能根据普通电话机说明书和电路图,分析障碍产生的原因

1.3.1.2 能利用室内暗线装设电话

1.3.1.3 能查找简易的室内线故障

1.3.1.4 能修复简易的室内线故障

1.3.1.5 能熟练使用按键电话机

1.3.1.6 能查找和修复按键电话机的常见故障

*1.3.1.7 能查找防盗器、转换器、呼叫器等附属设备的简易故障

*1.3.1.8 能修复防盗器、转换器、呼叫器等附属设备的简易故障

1.3.1.9 能使用电话机测试仪

1.3.1.10 能进行一般元件的焊接

1.3.2 维修多功能电话机

1.3.2.1 能根据多功能电话机说明书和电路图,分析障碍产生的原因

1.3.2.2 能熟练使用多功能电话机

1.3.2.3 能查找多功能电话机的常见故障

1.3.2.4 能修复多功能电话机的常见故障

*1.3.2.5 能查找并处理电源适配器、来电显示器等附属设备的故障

*1.3.3 维修无绳电话机

*1.3.3.1 能根据无绳电话机说明书和电路图,分析障碍产生的原因

*1.3.3.2 能熟练使用无绳电话机

*1.3.3.3 能查找无绳电话机的简单故障

*1.3.3.4 能修复无绳电话机的简单故障

**1.3.4 维修公用电话机

**1.3.4.1 能熟练使用公用电话机

**1.3.4.2 能查找常见的线路故障

**1.3.4.3 能修复常见的线路故障

**1.3.4.4 能查找投币、磁卡、201卡、多媒体等公用电话机的简单故障

**1.3.4.5 能修复投币、磁卡、201卡、多媒体等公用电话机的简单故障

*1.3.5 维修数字电话机

*1.3.5.1 能查找典型数字电话机的一般故障

* 1.3.5.2 　能修复典型数字电话机的一般故障

** 1.3.5.3 　能查找可视电话机的简易故障

** 1.3.5.4 　能修复可视电话机的简易故障

1.4　日常管理

1.4.1　计算机操作与保养

1.4.1.1 　能运用计算机管理系统

1.4.1.2 　能对计算机进行日常维护

1.4.1.3 　能独立完成计算机、打印机的一般保养和清洁

1.4.2　填写维修日志

1.4.2.1 　能正确描述固定电话机障碍现象

1.4.2.2 　能正确记录维修及处理方法

1.4.3　安全生产

1.4.3.1 　能及时发现事故隐患

1.4.3.2 　能对事故隐患采取相应的措施

1.4.3.3 　能熟练操作安全防护设施

2　移动电话维修

2.1　工作准备

2.1.1　仪表仪容

2.1.1.1 　能做到统一着装,穿戴整洁、合身,纽扣齐全

2.1.1.2 　能正确佩戴服务卡

2.1.2　环境准备

2.1.2.1 　能做到工作现场干净整齐

2.1.2.2 　能合理安排工作场地

2.1.2.3 　能正确摆放工作台面的物品

2.1.3　物品准备

2.1.3.1 　能熟练备齐所需的维修工具

2.1.3.2 　能熟练备齐所需的零配件

2.1.4　资讯准备

2.1.4.1 　能准备维修申请单、维修日志等材料

2.1.4.2 　能准备移动电话机说明书和电路图等材料

2.2　接待服务

2.2.1　接待客户

2.2.1.1 　能接待顾客,语言诚恳,解释耐心

2.2.1.2 　能解释移动电话机维修的业务种类

2.2.1.3 　能对比介绍常用型号移动电话机的质量、性能、价格和操作方法

2.2.1.4 　能指导顾客对常用型号移动电话机进行基本检查操作

2.2.1.5 　能正确判断常用型号移动电话机的一般故障

2.2.1.6 　能正确受理用户的查询业务

2.2.1.7 　能解答顾客咨询的一般业务问题

* 2.2.1.8 　能掌握一般的通信专业英文缩写及其含义

2.2.2　受理维修业务

2.2.2.1　能指导客户填写维修申请单据

2.2.2.2　能正确受理移动电话机维修各种业务

2.2.2.3　能检查分析业务中的差错

2.2.2.4　能及时处理业务中的差错

2.2.2.5　受理时限和服务质量能达到规定要求

2.3　维修服务

2.3.1　故障处理

2.3.1.1　能根据移动电话机说明书和电路图,分析、判断障碍产生的原因

2.3.1.2　能熟练使用万用表测量分立元件

＊＊2.3.1.3　能熟练使用综合测试仪测试并分析指标

2.3.1.4　能处理 SIM 卡故障

＊2.3.1.5　能独立完成移动电话机常见故障的处理

2.3.1.6　能熟练地进行普通元件的焊接

＊2.3.1.7　能熟练地进行贴片等特殊元件的焊接

2.3.2　维修后测试

2.3.2.1　能独立测试移动电话机手动部分

2.3.2.2　能独立测试移动电话机发射部分

2.3.2.3　能独立测试移动电话机接收部分

＊＊2.3.2.4　能用软件对维修后的移动电话机进行质量达标测试

2.4　日常管理

2.4.1　计算机操作与保养

2.4.1.1　能运用计算机管理系统

2.4.1.2　能了解主要设备的功能和使用注意事项

2.4.1.3　能对计算机进行日常维护

2.4.1.4　能独立完成计算机、打印机的一般保养和清洁

2.4.2　填写值班日志

2.4.2.1　能按要求填写值班记录

2.4.2.2　能正确记录值班重大事件

2.4.3　安全操作

2.4.3.1　能及时发现事故隐患

2.4.3.2　能及时对事故隐患采取相应的措施

2.4.3.3　能熟练操作安全防护设施

模块二　宽带服务

1　宽带业务

1.1　工作准备

1.1.1　仪表仪容

1.1.1.1　能做到统一着装,穿戴整洁、合身

1.1.1.2 能正确佩戴服务卡

1.1.2 环境准备

1.1.2.1 能做到工作现场干净整齐

1.1.2.2 能合理安排工作场地

1.1.2.3 能正确摆放工作台面的物品

1.1.3 物品准备

1.1.3.1 能熟练备齐业务介绍和推广时所需的资料

1.1.3.2 能熟练备齐所需设备和配件

1.1.4 资讯准备

1.1.4.1 能准备宽带业务申请、安装单等材料

1.1.4.2 能准备宽带业务说明材料

1.2 接待服务

1.2.1 接待客户

1.2.1.1 能接待顾客,语言诚恳,解释耐心

1.2.1.2 能掌握详细介绍宽带业务服务内容

1.2.1.3 能对比介绍不同宽带业务类型特点、价格和申请流程

1.2.1.4 能现场操作机顶盒等宽带设备及相关软件,向顾客演示各种宽带业务

1.2.1.5 能指导顾客根据需要选择适当的宽带业务类型

1.2.1.6 能正确受理用户的查询业务和投诉

1.2.1.7 能解答顾客咨询的一般业务问题

1.2.2 受理安装业务

1.2.2.1 能指导客户填写宽带业务申请单据

1.2.2.2 能检查分析业务中的差错

1.2.2.3 能及时处理业务中的差错

1.2.2.4 受理时限和服务质量能达到规定要求

1.2.3 回访客户

1.2.3.1 在宽带业务安装完成后,能选择适当方式及时对顾客进行回访

1.2.3.2 能说服顾客对业务受理和安装质量进行评价,并记录存档

1.2.3.3 能回答顾客对安装和业务使用的疑问

2 宽带维护

2.1 工作准备

2.1.1 仪表仪容

2.1.1.1 能做到统一着装,穿戴整洁、合身

2.1.1.2 能正确佩戴服务卡

2.1.2 环境准备

2.1.2.1 能做到工作现场干净整齐

2.1.2.2 能合理安排工作场地

2.1.2.3 能正确摆放工作台面的物品

2.1.3 物品准备

2.1.3.1 能熟练备齐所需的维护工具

2.1.3.2　能熟练备齐所需的零配件

2.1.4　资讯准备

2.1.4.1　能准备维修申请单、维修日志等材料

2.1.4.2　能准备宽带安装操作规范等材料

2.2　接待和上门服务

2.2.1　接待客户

2.2.1.1　能接待顾客,语言诚恳,解释耐心

2.2.1.2　能指导顾客对常用宽带接入设备和软件进行基本检查操作

2.2.1.3　能正确判断宽带业务的一般故障

2.2.1.4　能解答顾客咨询的一般维修业务问题

2.2.2　受理维修业务

2.2.2.1　能指导客户填写维修申请单据

2.2.2.2　能正确受理宽带维修各种业务

2.2.2.3　能检查分析业务中的差错

2.2.2.4　能及时处理业务中的差错

2.2.2.5　受理时限和服务质量能达到规定要求

2.2.3　上门服务

2.2.3.1　能与顾客协商,预约适当的上门服务时间

2.2.3.2　在客户家中,有良好礼仪,能尊重客户习惯

2.2.3.3　能与客户进行友好沟通,能解答顾客咨询的一般安装和维修业务问题

2.2.3.4　能在服务结束时,清扫工作现场,向顾客清楚说明服务状况

2.3　硬件连接

2.3.1　制作网线和接头

2.3.1.1　能根据需要正确选择网线类型和长度

2.3.1.2　会利用工具制作 RJ45 和 RJ11 接头

2.3.2　ADSL 硬件连接

2.3.2.1　能够熟练地为用户安装 ADSL Modem

2.3.2.2　能够正确地为用户安装分离器

2.3.2.3　能正确连接分离器与电话线路

2.3.2.4　能正确连接分离器与 ADSL 调制解调器

2.3.2.5　能正确连接计算机与 ADSL 调制解调器

2.3.2.6　能正确连接分离器与电话机

2.3.2.7　能向用户清楚说明连接注意事项

2.4　软件操作

2.4.1　建立网络连接

2.4.1.1　能正确建立 ADSL 网络连接

2.4.1.2　能正确输入账号和密码

2.4.1.3　能登录指定网址

2.4.2　演示宽带业务

2.4.2.1　能正确操作宽带设备和软件向顾客演示宽带业务

2.4.2.2　能指导用户正确操作宽带设备和软件

2.4.2.3　能指导用户使用基本的宽带业务

2.5　状态判断和测试

2.5.1　工作状态判断

2.5.1.1　会通过听蜂音简单判断终端的工作状态是否良好

2.5.1.2　会通过拨打 ISP 号码简单判断终端的工作状态是否良好

2.5.1.3　能通过 NT plus 的指示灯判断终端的连接状态

2.5.1.4　能通过 ADSL Modem 的指示灯判断终端的连接状态

＊2.5.2　线路通断测试

＊2.5.2.1　会判断电气是否接通

＊2.5.2.2　会使用仪表测试线路的环路阻抗

＊2.5.2.3　会使用仪表测试线路的线间电容

＊2.5.2.4　会使用仪表测试线路的对地绝缘

＊＊2.5.3　ADSL 线路质量测试

＊＊2.5.3.1　能正确连接 ADSL 仪表测试线路

＊＊2.5.3.2　能测试传输速率

＊＊2.5.3.3　能测试噪声裕量

＊＊2.5.3.4　能测试线路衰减

＊＊2.5.3.5　能记录各项测试参数

＊＊2.5.3.6　能根据测试数据判断线路质量

2.6　故障处理

2.6.1　ADSL 简单故障处理

2.6.1.1　能处理计算机拨号软件故障

2.6.1.2　能处理线路接头连接异常故障

＊2.6.2　ADSL 综合故障处理

＊2.6.2.1　能处理复杂的不能接入问题

＊2.6.2.1　能处理网速过慢问题

＊2.6.2.2　能处理频繁掉线故障

模块三　通信线务

1　电缆维护

1.1　电缆修复

1.1.1　测试电缆

1.1.1.1　能用兆欧表正确测试电缆线路绝缘

＊1.1.1.2　能利用兆欧表查找一般电缆障碍

1.1.1.3　能利用万用表测试电缆屏蔽层连通电阻值

1.1.1.4　能够利用地阻仪测试线路设备的接地电阻

＊1.1.1.5　能够通过绘制气压曲线确定大致漏气段落和漏气点的基本位置

＊1.1.1.6　能够根据仪器判断压力传感器的好坏

1.1.1.7　能监测电缆气压

1.1.2　修复电缆

1.1.2.1　能用热缩管进行一般全塑电缆接头封合

1.1.2.2　能修复破损的电缆

*1.1.2.3　能够进行压力传感器的安装和更换

*1.1.2.4　能够进行各种电缆的气门安装

*1.1.2.5　能对电缆充气

1.1.2.6　能填写原始记录

1.2　电缆敷设

1.2.1　敷设室内外电缆

1.2.1.1　能够进行直埋电缆的敷设施工

1.2.1.2　能够进行墙壁及室内电缆的敷设施工

1.2.1.3　能熟练应用纽扣式接线子进行电缆的芯线接续

1.2.1.4　能熟练应用模块式接线子进行电缆的芯线接续

1.2.2　检测敷设环境

*1.2.2.1　能进行环阻测试

1.2.2.2　能够利用有害气体检测仪进行有害气体检测

*1.2.2.3　能从事查找地下管道泄露有害气体的工作

2　光缆维护

2.1　基本测试与施工

2.1.1　使用仪器

2.1.1.1　能使用光纤光功率计测试光缆

2.1.1.2　能使用光源产生测试信号

2.1.1.3　能使用光衰耗器控制光通道信噪比

2.1.2　光缆施工

2.1.2.1　能安装光缆接头盒

2.1.2.2　能安装光缆终端盒

2.1.2.3　能进行直埋光缆的敷设

2.1.2.4　能利用光纤熔接机接续光缆

*2.1.2.5　能用 OTDR 测试光缆障碍及确定障碍点位置

*2.2　干线光缆线路维护

*2.2.1　巡回与测试

*2.2.1.1　能进行干线车巡和步行巡回

*2.2.1.2　能进行干线光纤衰耗测试

*2.2.1.3　能进行干线光纤后向散射测试

*2.2.1.4　能进行干线光缆线路金属护套对地绝缘电阻的测试

*2.2.1.5　能进行干线直埋光缆接头盒监测电极间绝缘电阻的测试

*2.2.1.6　能进行干线防护接地装置地线电阻的测试

*2.2.2　维护光缆

**2.2.2.1　能完成干线管道光缆路由维护

**2.2.2.2　能完成干线架空光缆路由维护

**2.2.2.3　能完成干线直埋光缆路由维护

*2.2.2.4　能进行光缆防护及护线宣传

*2.2.2.5　能进行工作小结

**2.2.2.6　能制订月作业计划

***2.3　本地光缆线路维护**

*2.3.1　巡回与测试

*2.3.1.1　能进行本地车巡和步行巡回

*2.3.1.2　能进行本地光纤衰耗测试

*2.3.1.3　能进行本地光纤后向散射测试

*2.3.1.4　能进行本地光缆线路金属护套对地绝缘电阻的测试

*2.3.1.5　能进行本地直埋光缆接头盒监测电极间绝缘电阻的测试

*2.3.1.6　能进行本地防护接地装置地线电阻的测试

*2.3.2　维护光缆

**2.3.2.1　能完成本地管道光缆路由维护

**2.3.2.2　能完成本地架空光缆路由维护

**2.3.2.3　能完成本地直埋光缆路由维护

*2.3.2.4　能进行光缆防护及护线宣传

*2.3.2.5　能进行工作小结

**2.3.2.6　能制订月作业计划

***3　杆线与管道的维护**

***3.1　杆线维护**

*3.1.1　杆线施工

*3.1.1.1　能做简单的拉线

*3.1.1.2　能做简单地锚

*3.1.1.3　能完成用户皮线的架设、拆除及整修

*3.1.1.4　能完成用户引入线架设、拆除及整修

*3.1.1.5　能完成室内线的架设、拆除及整修

*3.1.2　线路障碍修复

*3.1.2.1　能掌握所维护的线路、设备运行情况

*3.1.2.2　能进行线路障碍的查找

*3.1.2.3　能进行一般线路障碍的修复

**3.1.2.4　能绘制线路图

***3.2　管道施工维护**

*3.2.1　敷设管道

*3.2.1.1　能独立计算管道坑槽深度、宽度、放坡比例要求

*3.2.1.2　能敷设各类管道

*3.2.1.3　能敷设引上铁管

*3.2.2　管道打包封

*3.2.2.1　能完成管道打包封

＊3.2.2.2　能完成塑料管道打包封

＊3.2.3　管道绑扎

＊3.2.3.1　能完成支模板绑扎

＊3.2.3.2　能完成钢筋绑扎

＊3.2.4　管道安装

＊3.2.4.1　能完成人孔铁件的安装

＊3.2.4.2　能独立完成槽底障碍处理

4　安全施工

4.1　安全规范

4.1.1　掌握安全规范

4.1.1.1　能在施工前主动阅读和熟记强电操作规范

4.1.1.2　能在施工前主动阅读和熟记高空作业操作规范

4.1.1.3　能在事故发生现场运用急救常识进行自救和互救

4.1.2　准备工作

4.1.2.1　能正确佩戴安全帽进行高处作业

4.1.2.2　能在不同的高处作业环境下设置安全警示标志

4.2　安全操作

4.2.1　上杆、塔安全操作

＊4.2.1.1　能正确使用安全带在杆上操作

＊4.2.1.2　能正确使用安全带在塔上作业

＊4.2.1.3　能在脚扣安全可靠的情况下上杆操作

4.2.1.4　能正确使用单面梯子或人字梯进行高处作业

4.2.2　上吊线安全操作

4.2.2.1　能正确使用试电笔判断导线上或吊线上有无高压电

＊4.2.2.2　能正确使用滑车、吊板在吊线上敷设缆线

模块四　通信机务

1　交换通信系统维护

1.1　交换机系统维护

1.1.1　交换机硬件配置

1.1.1.1　能参与交换机硬件配置操作

＊＊1.1.1.2　能根据系统运行情况对交换机硬件配置提出建议

1.1.2　SBL 的维护

1.1.2.1　能显示 SBL 数据

1.1.2.2　能完成 SBL 的去活、测试、初始化和验证

1.1.2.3　能完成 SBL、RIT、RBL 之间的转换

1.1.2.4　能根据标准流程更换故障电路板

1.1.3　CE 的维护

1.1.3.1　能完成 CE 的转换

1.1.3.2　能完成系统 ACE 的替换

1.1.3.3　能完成 ACE 的重新组合

1.1.3.4　能完成 CE 的再启动、再装载

＊1.1.3.5　能实现配对模块话务的控制

1.2　系统测试与告警

1.2.1　系统告警

1.2.1.1　能显示系统当前所有告警信息

1.2.1.2　能删除系统当前告警

1.2.1.3　能显示和修改告警参数

＊1.2.1.4　能及时分析和处理告警信息

1.2.2　测试

1.2.2.1　能对疑点 SBL 的硬件进行诊断测试

1.2.2.2　能对有效空闲设备进行例行测试

1.2.2.3　能对用户线路进行测试

1.3　交换机日常业务管理

1.3.1　用户数据管理

1.3.1.1　能创建、修改、显示和删除普通模拟用户

1.3.1.2　能对用户业务功能进行数据配置

1.3.1.3　能显示主被叫号码的连接情况

＊1.3.2　I/O 管理

＊1.3.2.1　能制作后备光盘

＊1.3.2.2　能对交换系统时间进行管理

＊1.3.2.3　能对报告路由进行控制

＊1.3.3　局数据管理

＊1.3.3.1　能显示和修改呼叫源信息

＊1.3.3.2　能显示和修改数字树信息

＊1.3.3.3　能显示和修改任务单元

＊1.3.3.4　能显示和修改中继路由数据

＊＊1.3.4　计费数据管理

＊＊1.3.4.1　能对基本计费数据进行操作

＊＊1.3.4.2　能制作计费光盘

＊＊1.3.5　NO.7 信令管理

＊＊1.3.5.1　能完成 MTP 管理操作

＊＊1.3.5.2　能完成 TUP/ISUP 管理操作

＊＊1.3.5.3　能查询 NO.7 信令系统状态

＊＊1.3.5.4　能根据状态显示采取维护措施排除故障

1.3.6　安全生产

1.3.6.1　能根据应急通信保障预案应对突发事件

1.3.6.2　能及时发现事故隐患

1.3.6.3　能及时对事故隐患采取相应措施

2 移动通信基站维护

2.1 基站维护

2.1.1 机房检查

2.1.1.1 能按要求定期查看机房环境状况(包括供电系统、火警、烟尘等)

2.1.1.2 能掌握机房定期维护作业计划表

2.1.1.3 能观测机房内温度计、湿度计指示

2.1.2 设备检测

2.1.2.1 能够看懂设备的告警信息

**2.1.2.2 能够检查和修改常用数据

2.1.2.3 能更换备用基站设备配件

*2.1.2.4 能使用功率计测试基站的发射功率

*2.1.2.5 能通过专用测试手机拨打电话进行通话测试

**2.1.2.6 能检查、校正基站时钟频率

2.1.2.7 能处理电路的一般故障

2.1.2.8 能处理设备的一般故障

2.1.2.9 能填写维护记录

2.1.2.10 能填写故障报告

2.1.2.11 能按规范验收工程

2.2 天馈系统维护

2.2.1 天馈系统测试

*2.2.1.1 能测试塔放的接收机灵敏度和接收机系统的噪声系数等指标

*2.2.1.2 能判断塔放是否出现故障

2.2.1.3 能够测量天馈系统防雷接地指标

2.2.1.4 能够用 SITE MASTER 综合测试仪测试驻波比等指标

2.2.2 天馈设备维护

2.2.2.1 能够按工程要求,完成天馈器件之间的连接

2.2.2.2 能更换备用天馈器件

*2.2.2.3 能够按需要正确调整天线方位角

**2.3 网络优化

**2.3.1 覆盖优化

**2.3.1.1 能处理用户的覆盖投诉

**2.3.1.2 能提出覆盖增强建议

**2.3.1.3 能利用路测工具进行测试

**2.3.1.4 能定位覆盖薄弱地区

**2.3.2 容量优化

**2.3.2.1 能够分析 OMC 话务统计,确定需扩容的基站

**2.3.2.2 能参与基站扩容方案的制订

2.4 日常管理

2.4.1 填写资料

2.4.1.1 能准确填写测试记录

2.4.1.2　能准确填写维护日志

2.4.2　物品准备与更换

2.4.2.1　能够及时更新基站和机房备品备件

2.4.2.2　能够及时更新基站和机房记录

2.4.3　安全生产

2.4.3.1　能按高空作业规范操作

2.4.3.2　能及时发现事故隐患

2.4.3.3　能及时对事故隐患采取相应措施

3　通信动力系统维护

3.1　值班巡查

3.1.1　设备巡视

3.1.1.1　能检查交流屏告警参数

3.1.1.2　能进行直流屏告警点的增、删、改

3.1.1.3　能进行高频开关电源设备告警点的增、删、改

3.1.1.4　能够检查专用空调的参数设置

3.1.1.5　能够检查 UPS 的参数设置

3.1.1.6　能够检查开关电源的告警设置点、均浮充电压、限流值等主要参数

＊3.1.1.7　能够检查熔断器、开关等负荷控制设备与负荷的匹配情况

3.1.2　设备操作

3.1.2.1　能进行交流屏告警点的增、删、改

3.1.2.2　能进行直流屏告警点的增、删、改

3.1.2.3　能进行高频开关电源设备告警点的增、删、改

3.1.2.4　能对机房空调参数进行设定

3.1.2.5　能复位各种低压自动保护开关

3.1.2.6　能够完成停、送电操作

＊3.1.2.7　能够遥控或手动开、停柴油发电机组，并进行切换操作

＊＊3.1.2.8　能在 UPS 与市电的切换时对负荷均分系统进行单机运行测试

＊＊3.1.2.9　能在 UPS 与市电的切换时对热备份系统进行负荷切换测试

3.1.2.10　能遥控或手动机房空调主、备用设备的倒换

3.1.2.11　能够制订并完善供配电设备倒换操作流程

＊＊3.1.2.12　能够对 10 kV 户外的熔丝进行分合操作

3.1.2.13　能对机房空调参数进行修改

＊＊3.1.2.14　能对整流模块进行增和减

3.1.2.15　能对整流模块进行更换

＊＊3.1.2.16　能对蓄电池进行扩容、更新

＊3.1.3　设备排障

＊3.1.3.1　能处理蓄电池组故障

＊＊3.1.3.2　能排除制冷系统的一般故障

＊3.1.3.3　能排除机房空调系统故障

＊3.1.3.4　能排除发电机和控制屏故障

＊3.1.3.5　能排除高频开关电源故障

＊＊3.1.3.6　能够制订故障处理流程

＊＊3.1.3.7　能排除油机故障

＊＊3.1.3.8　能判定集中监控系统的故障范围

3.2　设备维护

3.2.1　设备清洁调整

3.2.2.1　能完成机房空调设备表面清洁

3.2.2.2　能更换机房空调空滤

3.2.2.3　能清洗机房空调冷凝器

3.2.2.4　能清洗机房空调蒸发器

3.2.2.5　能清洁、更换整流设备

3.2.2.6　能清洁、更换冷却风机

3.2.2.7　能清洁、更换滤网

3.2.2.8　能进行风机注油

3.2.2.9　能对蓄电池组全面清洁

3.2.2.10　能对熔断器、刀闸和开关等电器进行表面清洁

3.2.2.11　能对配电设备进行表面清洁

3.2.2.12　能带电清洁低压配电设备内部灰尘

3.2.2　维护测试

3.2.2.1　能测量供电设备主要部件的温升或压降

3.2.2.2　能用万用表测量蓄电池电压

＊3.2.2.3　能用万用表测量蓄电池各段回路压降

3.2.2.4　能用万用表测量熔断器压降

3.2.2.5　能用万用表测量软连接接头压降

3.2.2.6　能用接地电阻测试仪准确测量接地电阻

3.2.2.7　能用钳形电流表准确测量电缆电流、中线电流

3.2.2.8　能用兆欧表测量绝缘电阻

3.2.2.9　能用杂音计测量杂音电压

＊3.2.2.10　能对空调系统抽真空

＊3.2.2.11　能对空调系统用高低压表测试系统压力

＊3.2.2.12　能对蓄电池组进行核对性容量试验

3.3　日常管理

3.3.1　填写资料

3.3.1.1　能准确填写测试记录

3.3.1.2　能及时、准确记录设备和系统障碍现象

3.3.1.3　能记录、整理、统计运行记录和原始资料

3.3.1.4　能根据蓄电池放电记录分析容量变化趋势

3.3.1.5　能根据记录对供电系统进行质量分析

3.3.2　计算机操作保养

3.3.2.1　能运用计算机管理系统

3.3.2.2　能进行计算机主机、外设设备的安装

3.3.2.3　能进行监控参数的设定、控制

3.3.2.4　能进行资料存、取操作

3.3.3　安全生产

3.3.3.1　能及时发现事故隐患

3.3.3.2　能及时对事故隐患采取相应措施

3.3.3.3　能安装漏电保护器

3.3.3.4　能进行工作地、保护地、防雷地地线的制作和安装

4　通信传输系统维护

4.1　设备维护

4.1.1　传输网管系统维护

4.1.1.1　能进行网管计算机设备及各模块部件、网络通信设备运行状态检查

4.1.1.2　能进行打印设备、显示设备、UPS 电源设备等的运行状态检查

4.1.1.3　能检查网线的连接、路由器的工作状态

4.1.1.4　能在网管系统上进行病毒检查

4.1.1.5　能检查网管用户、口令及用户级别的设置

4.1.1.6　能进行网管资料数据整理

4.1.2　传输设备维护

4.1.2.1　能进行机房巡查(设备无尘、布线整齐、仪表正常、工具就位、资料齐全)

4.1.2.2　能进行机表清洁、风扇检查

4.1.2.3　能进行机框内部及机顶清洁

＊4.1.2.4　能进行 VC-12 或 2 Mbit/s 通道 24 h 误码性能

＊4.1.2.5　能进行 VC-4 通道 24 h 误码性能测试

4.1.2.6　能进行光接头清洁及收、发光功率测试

4.1.2.7　能进行光、电设备电源测试

4.1.2.8　能进行公务联络系统检查

4.1.2.9　能进行波分复用设备性能监测

4.1.2.10　能进行工作小结

＊4.1.2.11　能制订月作业计划

＊4.1.2.12　能进行端口资料清查

4.1.2.13　能进行技术资料整理

＊4.1.3　同步网维护

＊＊4.1.3.1　能参与进行同步网的规划设计

＊4.1.3.2　能进行网元时钟源的配置

＊4.1.3.3　能查看时钟板性能是否正常

＊4.1.3.4　能进行网络数据备份与转储

＊4.1.3.5　能进行网管及配套设备运行检查

4.2　网络维护

4.2.1　SDH/MSTP 网络维护

4.2.1.1　能解释传输网管系统菜单的含义

4.2.1.2　能检查传输网性能参数（光接口参数、误码、告警等）

4.2.1.3　能进行 SDH/MSTP 网络的链型组网配置

＊4.2.1.4　能进行 SDH/MSTP 网络的环型组网配置

＊＊4.2.1.5　能进行 SDH/MSTP 网络的复杂组网配置

4.2.1.6　能配置 MSTP 设备的网络保护属性

＊＊4.2.1.7　能配置 MSTP 设备的时钟源的优先级别

4.2.1.8　能配置 MSTP 设备的公务联络电话

＊4.2.1.9　能配置 MSTP 设备的业务配置

＊＊4.2.1.10　能配置 MSTP 设备的数据业务

＊4.2.2　WDM 网络维护

＊4.2.2.1　能进行 WDM 系统组网配置

＊4.2.2.2　能进行 WDM 系统数据配置

＊4.2.3　故障处理

＊4.2.3.1　能利用环回操作查找故障

＊4.2.3.2　熟知故障处理的方法和流程

＊4.2.3.3　能进行以太网对接故障处理

教师教学能力标准

　　上岗层级的教师专业教学能力的最低要求是：能完整完成所承担课程的理论教学和实践教学任务全过程。

　　提高层级教师应在课程开发与建设、课程教学研究、改革与实施等方面，做出更多的贡献。

　　骨干层级教师应在专业建设、专业教学指导，组织教学研究和改革等方面起到带头人的作用。

1　专业建设与课程开发

1.1　组织调研

1.1.1　组织企业调研

1.1.1.1　选择调研对象

1.1.1.2　设计调研方法

1.1.1.3　设计调研形式

1.1.1.4　确定调研内容

1.1.1.5　组织调研队伍

1.1.1.6　开展调研

1.1.2　毕业学生跟踪调研

1.1.2.1　设计针对毕业学生和顶岗实习学生跟踪调查表

1.1.2.2　组织针对毕业学生和顶岗实习学生的跟踪调研

1.2　职业分析

1.2.1　通信企业生产岗位职业分析

1.2.1.1　撰写企业岗位调研报告和毕业学生跟踪调研报告

1.2.1.2　确定典型岗位群并进行职业分析

1.2.1.3 根据典型通信企业生产过程进行职业分析
1.2.2 职业能力分析
1.2.2.1 确定职业能力要素
1.2.2.2 确定核心能力与相关技能
1.2.2.3 确定职业能力培养目标
1.2.2.4 形成职业能力培养方案
** **1.3 形成课程体系**
** **1.3.1 修改和完善专业课程体系**
** **1.3.1.1 补充和调整课程内容**
** **1.3.1.2 确定理论与实践课程结构框架**
** **1.3.1.3 根据岗位分析,制定专业实践教学计划**
** **1.3.2 形成专业项目课程培养方案**
** **1.3.2.1 确定项目专业核心技能课程**
** **1.3.2.2 确定技术基础课程**
** **1.3.2.3 确定专业方向课程**
** **1.3.2.4 确定专业选修课程**
* **1.4 制订相关课标**
* **1.4.1 修改和完善课标**
* **1.4.1.1 修改新课程体系下各理论课的课标**
* **1.4.1.2 修改新课程体系下各实践课的课标**
* **1.4.2 制订新课程课标**
* **1.4.2.1 制订新开理论课的课标**
* **1.4.2.2 制订新开实践课的课标**
1.5 确定实训基地
1.5.1 选择确定实训基地
1.5.1.1 结合通信技术专业岗位群选择企业实训基地
1.5.1.2 结合通信技术专业技能群选择企业实训基地
1.5.2 制定实训基地合作方案
1.5.2.1 协助签订实训基地校企合作协议
1.5.2.2 制订工学结合方案
1.5.2.3 制订教师到企业学习培训方案
1.5.2.4 落实教师为企业服务方案
1.5.3 修订校内实训基地建设方案
1.5.3.1 根据教学需要设计开发新实验、实训方案
1.5.3.2 根据教学需要设计仿真、模拟的实验、实训方案
* **1.6 组织编写教材**
* **1.6.1 准备教材编写**
* **1.6.1.1 设计教材编写大纲**
* **1.6.1.2 确定教材编写模式**
* **1.6.1.3 准备教材编写资料**

＊1.6.2 完成新课程教材编写
　＊1.6.2.1 确定教材编写人员
　＊1.6.2.2 确定教材编写任务分工
　＊1.6.2.3 负责教材统稿

2　制订培养方案

2.1　解读人才培养方案

2.1.1　解读通信技术专业人才培养目标
　2.1.1.1　解读通信技术专业人才培养方向
　2.1.1.2　解读专业知识、技能、素养培养目标
　2.1.1.3　解读通信技术专业的从事岗位群

2.1.2　解读通信技术专业课程体系
　2.1.2.1　解读通信技术专业课程下的项目体系
　2.1.2.2　解读通信技术项目下的任务体系
　2.1.2.3　解读通信技术课程的核心能力结构

2.1.3　解读所教科目与人才培养方案的关系
　2.1.3.1　解读所教科目培养目标
　2.1.3.2　明确所教科目在课程体系中的地位
　2.1.3.3　明确所教科目与其他科目的逻辑关系

2.2　解读课程标准

2.2.1　解读课程标准对教学的要求
　2.2.1.1　解读课程任务
　2.2.1.2　解读课程目标
　2.2.1.3　解读能力要求
　2.2.1.4　解读课程间的内在联系
　2.2.1.5　解读教学实施要求

2.2.2　解读课程标准的实施建议
　2.2.2.1　分析实施建议
　2.2.2.2　有选择性地实施相关建议

2.3　解读职业资格标准

2.3.1　解读通信技术专业职业资格标准中的工作内容
　2.3.1.1　明白毕业生能够从事的工作种类
　2.3.1.2　了解毕业生从事的代表性工作

2.3.2　解读通信技术专业职业资格标准中知识标准
　2.3.2.1　清楚毕业生必须达到的专业知识水平
　2.3.2.2　清楚毕业生需要具有的人文知识和社会知识

2.3.3　解读通信技术专业职业资格标准中技能标准
　2.3.3.1　清楚毕业生必须达到的专业技能水平
　2.3.3.2　清楚职业资格标准中对技能种类的要求

2.3.4　解读通信技术专业职业资格标准中态度标准
　2.3.4.1　清楚职业资格标准中思想素质要求

2.3.4.2　清楚职业资格标准中职业道德的要求

2.3.5　解读通信技术专业职业资格标准中行规标准

2.3.5.1　清楚从业人员必须遵从的行业规定

2.3.5.2　清楚通信企业中 5S 或 6S 标准

2.4　了解企业新动态

2.4.1　了解企业新技术

2.4.1.1　深入企业了解通信新技术

2.4.1.2　从文献资料上查阅通信新技术

2.4.2　了解企业新产品

2.4.2.1　深入企业了解通信企业的新产品

2.4.2.2　从文献资料上查阅通信企业的新产品

2.4.3　了解企业新业务

2.4.3.1　深入企业了解通信新业务

2.4.3.2　从文献资料上查阅通信新业务

2.5　分析学情

2.5.1　调查班级学习现状

2.5.1.1　调查班级学生职业道德现状和智能结构

2.5.1.2　调查班级学生成绩状况

2.5.1.3　调查班级学习氛围

2.5.2　分析班级学生学习情况

2.5.2.1　分析学生知识基础

2.5.2.2　分析学生学习心态

2.5.2.3　分析学生的认知水平

2.5.2.4　分析出学习者的技能水平

2.5.2.5　分析出学习者学习积极性

2.6　分析课程

2.6.1　分析课程内容

2.6.1.1　分析课程要求的基本知识

2.6.1.2　分析课程要求的基本技能

2.6.1.3　结合教学课题确定教学目标

2.6.1.4　确定任务驱动教学中的重难点

2.6.2　分析作业练习

2.6.2.1　完成作业练习题的解答

2.6.2.2　明确作业练习应达到的目的

2.6.2.3　选择和布置作业练习题

2.7　选择教学资源

2.7.1　明确现有教学资源

2.7.1.1　明确现有教材优缺点

2.7.1.2　明确学校现有教学场地和多媒体教室

2.7.1.3　明确学校内通信技术专业实验设备资源情况

2.7.1.3　明确学校内通信技术专业实训设备资源情况

2.7.1.4　明确校企合作与社会环境资源

2.7.2　选择需要的教学资源

2.7.2.1　选用教材

2.7.2.2　选用教学需要的教具

2.7.2.3　选用教学器材

2.7.2.4　联系教学需要的教学场地与合作单位

2.8　确定教学进度

2.8.1　制订项目教学进度

2.8.1.1　分配项目核心课程学时

2.8.1.2　确定课程授课顺序

2.8.2　制订科目教学进程计划

2.8.2.1　结合课程授课计划,安排教学进程

2.8.2.2　结合学校硬件资源情况,安排实践教学进程

2.9　设计教学组织形式与教学策略

2.9.1　确定教学组织形式

2.9.1.1　确定班级教学形式

2.9.1.2　确定工学结合形式

2.9.1.3　确定自主探究学习形式

2.9.2　确定教学策略与方法

2.9.2.1　确定项目式策略

2.9.2.2　确定任务式策略

2.9.2.3　确定基于工作过程的策略

2.9.2.4　选择以讲授为主的教学方法

2.9.2.5　选择其他教学方法

3　教学设计

3.1　分析与制定教学目标

3.1.1　确定教学目标

3.1.1.1　确定本节课在教学科目体系中的关系

3.1.1.2　列出本节课的知识目标

3.1.1.3　列出本节课的技能目标

3.1.1.4　列出本节课的情感目标

3.1.2　确定重点、难点

3.1.2.1　明确本节课(任务)的重点、难点

3.1.2.2　选择突破难点的策略

3.2　设计教学资源

3.2.1　设计课堂教学资源

3.2.1.1　设计教学室、活动场景

3.2.1.2　编写教学辅助资料

3.2.1.3　选择教学需要的教具

3.2.1.3　设计教学需要的简单教具

3.2.2　设计理实一体教学环境

3.2.2.1　设计学生学习器材、仪器等材料

3.2.2.2　设计教学中用到的辅助演示器材

3.2.2.3　设计教学中需用到的设备、仪器

3.2.2.4　设计教学场景

3.2.3　设计课件

3.2.3.1　会使用一种以上的课件制作软件

3.2.3.2　选择课件制作素材

3.2.3.3　确定课件逻辑(顺序、分支、循环)结构

3.2.3.4　设计课件表现力

3.2.3.5　设计课件内容

3.2.4　设计企业教学

3.2.4.1　设计及与企业协商参观、实践项目

3.2.4.2　设计企业教学设施设备

3.2.4.3　计划教学所需指导人员

3.3　确定教学策略

3.3.1　确定理论教学策略

3.3.1.1　确定本节课理论教学的讲解策略

3.3.1.2　确定本节课实践探究的教学策略

3.3.1.3　确定本节课指导为课外自主学习的策略

3.3.2　确定技能教学策略

3.3.2.1　确定教师示范操作内容

3.3.2.2　确定学生练习操作内容

3.3.3　制定教学成果评价方案

3.3.3.1　制订成果评价方案

3.3.3.2　制订激励学生方案

3.3.3.3　制订学生成果评价方案

3.3.3.4　制订学生成果激励方案

3.4　设计作业

3.4.1　设计练习作业

3.4.1.1　选择本节课教材练习作业

3.4.1.2　设计和布置课外习题

3.4.2　设计练习任务

3.4.2.1　布置本节课技能练习任务

3.4.2.2　设计和布置提高性练习任务

4　教学准备

4.1　准备课堂教学资源

4.1.1　布置教学情境

4.1.1.1　布置教学室、活动场景

4.1.1.2 准备教学器材

4.1.2 准备教学资料

4.1.2.1 准备教辅资料

4.1.2.2 准备教学课件

4.2 准备实践教学资源

4.2.1 理实一体教学环境准备

4.2.1.1 确定教学场景

4.2.1.2 准备学生学习器材、仪器等材料

4.2.1.3 准备教学中用到的辅助演示材料

4.2.1.4 准备教学中的演示设备、仪器

4.2.2 联系实践教学企业

4.2.2.1 获取企业的联系方式

4.2.2.2 联系企业参观、实践项目

4.2.2.3 落实企业教学人员、时间和要求

4.2.3 制订应急预案

4.2.3.1 制订实践教学应预案

4.2.3.2 学习企业相关应急预案

5 实施教学

5.1 导入新课

5.1.1 选择导入新课方法

5.1.1.1 知道新课导入的常用方法

5.1.1.2 会根据教学内容确定新课的导入方法

5.1.1.3 会确定实践教学新课的导入方法

5.1.2 创设新课导入情境

5.1.2.1 会根据教学内容选择新课教学需要的场景

5.1.2.2 会根据教学内容设计新课的导入需要的情景

5.2 布置学习任务

5.2.1 提出学习任务

5.2.1.1 让学生明确学习任务内容、形式

5.2.1.2 让学生明确学习任务在实际工作的应用情况

5.2.2 说明学习任务目标

5.2.2.1 让学生明确学习任务的知识性目标

5.2.2.2 让学生明确学习任务中的技能性目标

5.3 讲解理论

5.3.1 建构必需理论知识

5.3.1.1 引导学生用已有知识学习新知识

5.3.1.2 讲清理论知识"是什么"和必需的"为什么"

5.3.1.3 让学生形成应用的联结点

5.3.2 讲解所需辅助知识

5.3.2.1 提供辅助知识学习资源

5.7.2.5 处理火灾事故

5.8 组织成果展示

5.8.1 讲解展示要求

5.8.1.1 安排展示顺序

5.8.1.2 明确展示要求

5.8.2 组织展示成果

5.8.2.1 指导学生展示成果

5.8.2.2 协助学生展示成果

5.9 学生成果评价

5.9.1 指导学生自评

5.9.1.1 指导学生评价自己成果的成功之处

5.9.1.2 指导学生找出自己作品的不足之处和改进方法

5.9.2 指导学生互评

5.9.2.1 指导学生分析其他人作品的成功之处

5.9.2.2 指导学生分析指出其他人作品不足之处和改进方法

5.9.3 点评成果与作品

5.9.3.1 评价学生作品成功与不足

5.9.3.2 鼓励和保护学生参与的积极性

5.9.3.3 指出成果的完善和改进方向

5.10 布置课后学习任务

5.10.1 布置课后学习任务

5.10.1.1 布置课后学习任务

5.10.1.2 提出课后学习要求

5.10.2 提供学习帮助

5.10.2.1 提供作业资讯

5.10.2.2 提供作业工具

5.10.2.3 提供操作和技能帮助

6 教学评价

6.1 课堂评价

6.1.1 评价学习效果

6.1.1.1 能通过观察、提问了解学生掌握知识、技能的水平

6.1.1.2 能通过观察分析学生学习态度、情感状况

6.1.1.3 能通过课堂练习鉴别学生的学习效果

6.1.1.4 能采用多种评价方式评价学生的学习效果

6.1.2 课后反思

6.1.2.1 反思教学内容处理情况

6.1.2.2 反思教学方法实施情况

6.1.2.3 反思教学效果实现情况

6.2 课程评价

6.2.1 确定课程评价内容

6.2.1.1　能根据课标确定理论知识评价内容

6.2.1.2　能根据课标确定实践技能评价内容

6.2.1.3　确定学习过程的评价内容

6.2.2　确定课程评价标准

6.2.2.1　制定考核的参考答案及评分标准

6.2.2.2　制定技能(项目)考核的评分标准

6.2.3　确定课程评价方式、方法

6.2.3.1　选择理论考核方式

6.2.3.2　选择实践技能考核方式

6.2.3.3　选择企业考核方式

6.2.4　评价分析

6.2.4.1　统计考核数据

6.2.4.2　分析考核数据

6.2.4.3　总结教学效果

6.2.5　反馈调整

6.2.5.1　根据教学效果,调整教学方案

6.2.5.2　根据教学效果,修改教学进程计划

6.2.5.3　指导学生改进学习方式方法

6.2.5.4　根据评价分析,调整评价标准

7　教学指导

7.1　上示范课

7.1.1　示范备课

7.1.1.1　展示教案

7.1.1.2　展示课堂教学过程设计

7.1.2　讲示范课

7.1.2.1　示范教学引入方法

7.1.2.2　示范教学突出重点与突破难点的方法和手段

7.1.2.3　示范多种教学媒体应用方法

7.1.2.4　示范培养学生动手能力和创新能力的教学环节

7.2　说课

7.2.1　说目标

7.2.1.1　说教学内容的知识目标

7.2.1.2　说教学内容的技能目标

7.2.1.3　说培养学生素养目标

7.2.2　说内容

7.2.2.1　说教学的知识点和技能点

7.2.2.2　说教学的重点和难点

7.2.3　说方法

7.2.3.1　说教学方法设计

7.2.3.2　说教学中突出重点、突破难点的手段和方法

7.6.2 组织生产顶岗实习

7.6.2.1 安排学生顶岗实习

7.6.2.2 安排教师指导生产顶岗实习

7.6.2.3 制订生产实践教学管理和考核办法

7.6.3 进行环保教育

7.6.3.1 组织学习环保法律法规

7.6.3.2 培养学习环保意识

7.6.4 进行生产规范和安全教育

7.6.4.1 组织学习安全法律法规

7.6.4.2 组织进行生产实践人身安全和设备安全教育

7.6.4.3 组织生产规范学习

7.6.5 制订生产安全措施和方案

7.6.5.1 制订生产实习安全措施和防范预案

7.6.5.2 为学生提供安全生产咨询

7.6.5.3 向企业提出改善生产实习环境的建议

**7.7 指导青年教师

**7.7.1 指导备课

**7.7.1.1 指导解读人才培养方案

**7.7.1.2 指导解读课标

**7.7.1.3 指导了解和研究教学对象

**7.7.1.4 指导选用教学器具

**7.7.1.5 指导选用教学方法

**7.7.1.6 指导编写教案

**7.7.2 指导上课

**7.7.2.1 指导教学实施

**7.7.2.2 指导理实一体化教学

**7.7.2.3 指导生产实践教学

8 教学研究

**8.1 组织开展教研活动

**8.1.1 组织校本课堂教学研究

**8.1.1.1 负责制定教学研究活动计划

**8.1.1.2 组织教学研究课

**8.1.1.3 组织安排听课和评课

**8.1.1.4 组织教学研究活动检查和总结

**8.1.2 组织校本实践教学研究

**8.1.2.1 组织教师对生产实践教学过程和内容调研

**8.1.2.2 组织研究生产实践教学改进和完善

*8.2 申报教研课题

*8.2.1 选择教研课题

*8.2.1.1 选择和确定教学研究课题

＊8.2.1.2　选择企业生产研究课题

＊8.2.2　进行立项申请

＊8.2.2.1　负责撰写课题申请报告

＊8.2.2.2　负责开题报告

＊**8.3　课题研究**

＊8.3.1　课题研究准备

＊8.3.1.1　组织教研队伍

＊8.3.1.2　制定研究计划

＊8.3.1.3　开展课题研究

＊8.3.2　实施课题研究

＊8.3.2.1　课题研究过程控制

＊8.3.2.2　课题阶段性检查

＊**8.4　课题结题**

＊8.4.1　形成研究成果

＊8.4.1.1　撰写研究成果报告

＊8.4.1.2　负责组织撰写结题报告

＊8.4.2　结题答辩

＊8.4.2.1　整理和撰写结题答辩报告

＊8.4.2.2　负责结题答辩会组织工作

＊8.4.2.3　在答辩会上报告课题完成情况,并回答答辩专家提问

＊**8.5　应用研究成果**

＊8.5.1　组织成果应用

＊8.5.1.1　制订成果应用计划

＊8.5.1.2　分析成果应用效果

＊8.5.2　完善研究成果

＊8.5.2.1　总结成果应用情况

＊8.5.2.2　修改完善研究成果

＊**8.6　撰写论文**

＊8.6.1　撰写教学研究论文

＊8.6.1.1　撰写调研论文

＊8.6.1.2　撰写职业教学研究论文

＊8.6.1.3　撰写职业教育研究论文

＊8.6.2　撰写通信技术研究论文

＊8.6.2.1　撰写通信技术于教学方面的研究论文

＊8.6.2.2　撰写通信技术在生产、生活方面应用性研究论文

9　教学改革

＊＊**9.1　现状调研与评价**

＊＊9.1.1　负责教师教学现状调研与评价

＊＊9.1.1.1　负责教师理实结合教学内容现状调研与评价

＊＊9.1.1.2　负责教师职业教学方法现状调研与评价

** 9.1.2　负责教学效果调研与评价

　　** 9.1.2.1　负责学生学习效果调研与评价

　　** 9.1.2.2　负责学生企业工作岗位适应效果调研与评价

9.2　提出教改方案

　　9.2.1　提出教学内容改进方案

　　　9.2.1.1　结合生产实际改进理论教学方案

　　　9.2.1.2　结合生产实际改进实践教学方案

　　9.2.2　提出教学方法改进方案

　　　9.2.2.1　结合校内实验、实训设备的理实一体化教学方案

　　　9.2.2.2　基于工作过程的实践教学方案

　　9.2.3　提出办学条件改善意见

　　　9.2.3.1　结合学校实际制定改善办学条件意见

　　　9.2.3.2　结合教学实际自己动手改善办学条件意见

* 9.3　组织实施教改方案

　* 9.3.1　组织实施教学内容改进方案

　　* 9.3.1.1　组织实施结合生产实际的项目式教学

　　* 9.3.1.2　组织实施校企合作的工学结合教学

　　* 9.3.1.3　组织实施结合生产实际的新课程教学内容

　* 9.3.2　组织实施教学方法改进方案

　　* 9.3.2.1　组织实施结合校内实验、实训设备的理实一体化教学

　　* 9.3.2.2　组织实施基于工作过程的教学实践

　** 9.3.3　组织实施办学条件改善方案

　　** 9.3.3.1　组织实施实验室和实训室完善与建设工作

　　** 9.3.3.2　组织教师自己动手改善办学条件

* 9.4　评价教改效果

　* 9.4.1　评价教学内容改进效果

　　* 9.4.1.1　聘请行业专家评价教学方案

　　* 9.4.1.2　聘请行业专家评价教学内容

　* 9.4.2　评价实施教学改革效果

　　* 9.4.2.1　组织学生评教

　　* 9.4.2.2　组织教师评学

　　* 9.4.2.3　跟踪调查学生企业适应情况

　　* 9.4.2.4　总结教学改革效果

附件　标准编制情况说明

1　编制说明

　　中等职业学校《通信技术专业教师教学能力标准》(以下简称标准)是评价教师教学能力的基础,用于衡量教师在教学活动中完成一定职业任务所需要的知识、技能和态度,并帮助教师正确理解自己的职业责任与义务。

本标准的研制是开创性工作,是针对特定专业(通信技术)、特定层次(中等职业学校)、特定对象(职业教育专业教师)制定的能力标准,没有成熟经验可供借鉴,并且随着时间的推移、学科的发展与社会需求的变化,标准也将随之不断地修订和完善。

2 适用对象

本标准适用于中等职业学校通信技术专业的教师培训使用,标准涵盖了通信技术专业"上岗"、"提高"和"骨干"等不同层级教师的要求,是对各层级教师能力的最低要求。

3 编制背景

1. 政策背景

随着改革开放的深入发展,我国正在成为 21 世纪的世界加工厂。为摆脱低级劳动带来的国际竞争风险,企业需要大量的懂得专业技能的一线技术人才。为了中等职业教育更好、更快地发展,满足社会生产发展的需求,国务院于 2005 年做出《关于大力发展职业教育的决定》(国发[2005]35 号),提出要把职业教育作为经济社会发展的重要基础和教育工作的战略重点,进一步明确了职业教育改革发展的指导思想、目标任务和政策措施。

为贯彻落实《关于大力发展职业教育的决定》,适应职业教育扩大规模和提高质量的需要,教育部实施了"中等职业学校教师素质提高计划"(教职成[2006]13 号)。2007 年 11 月,经过专家评审和教育部、财政部两部审核,电子科技大学申报的中等职业学校"通信技术"专业师资培养培训方案、课程、教材开发项目通过评审并立项。根据项目开发计划书的要求,专业教师教学能力标准在整个项目当中占有核心首要地位,是"项目包"其他成果开发的重要依据。

2. 中等职业学校通信技术专业背景

教育部《关于印发"中等职业学校专业目录"和"关于中等职业学校专业设置管理的原则意见"的通知》(教职成[2000]8 号)文件中,信息技术类中有 16 个专业,其中确定"通信技术专业"为中等职业学校专业目录中的重点专业,专业内涵为无线通信、光纤通信、移动通信、数据通信、通信用户终端维修技术。

2008 年教育部对《中等职业学校专业目录》提出了修改意见,在征求意见稿中对"通信技术专业"专业内涵提出了修改,改为无线电通信技术、有线通信技术、移动通信技术、通信终端技术、船舶通信与导航。

在教育部发布的《中职学校专业目录》2010 修订版中,从现有通信技术专业中,将"宽带服务"和"通信线务"划分出去,形成一个新的专业"通信系统工程安装与维护"。

原邮电部管理的全国 28 个省市邮电学校,基本上都开设有通信技术类专业。自 20 世纪 90 年代末开始经过邮电分营、移动寻呼剥离以及南北电信分拆、电信主辅、主附分离后,各个邮电学校的情况有很大变化,部分学校已停止本专业中职学生的招生,而其余大部分学校升格为高等职业技术学校,招收高职通信技术专业学生。目前仍在中等职业层次通信技术专业招生的学校制定的培养计划各不相同,有的按传统编排了数字通信、移动通信、通信网络和光纤通信,有的偏重电子电路及维修技术,有的偏重计算机网络技术,有的偏重交换机务维护等等。

在这个大的变革背景之下,开设通信技术专业的中职学校相对缺乏,师资力量就更为匮乏。从业教师中具有大学本科以上学历的教师接近 80%,但与通信专业对口的仅为 50%,"双师"型教师低于 60%,专业教师的实践技能普遍不高,不能很好胜任职业教育中特别重要的实践教学工作。

3. 通信企业需求背景

对通信企业需求调研显示,企业对电子通信类人才的需求比排在第二位的计算机类人才多了近一倍(15.32%与8%)。这个数据与统计的对象和方法有很大关系,但也从某种程度上反映出社会对通信类人才需求还是很大的。特别是在当前核心交换网向 NGN 软交换技术演进及移动网推出 3G 业务的潮流推动下,对通信人才的需求会产生一个新的高潮。

不过,调研结果也进一步显示,诸通信企业对人才的期望更多定位在高职和本科以上,这与通信技术行业的岗位技术含量普遍较高有很大关系。在这个背景下,需要我们的中职学校找准中职学生就业岗位,并为之培养出社会需要的人才。

通信技术从业人员可以分为两大部分,一部分在通信电子产品和设备生产企业,另一部分在通信设备使用企业和为用户通信终端服务。

通信电子产品和设备生产企业属于电子产品生产,在这一类企业中,更看重学生的电子电路技术,如果学生具备一些简单、基本的通信技术和知识,可有更好的发展。

在通信设备使用中,除用户终端(如手机等)设备外,主要是通信营运企业,如中国电信、中国联通、中国移动公司等几大通信公司。各通信服务部门需要懂得通信设备操作的人才和设备管理维护的人才。中职学生在这些企业中,主要是从事设备的基本操作和基站的管理工作,也有部分学生从事通信服务工作,还有部分学生从事企业内部有线通信设备(程控交换)的使用和管理工作。通信设备的维修一般都已从过去的运营商自己维护过渡到由专门的公司代理维护或生产企业直接对通信运营企业进行设备维护。

电子科技大学项目组通过问卷调查、电话访谈、实地走访等形式,对通信规划科研公司、通信建设公司、电信公司、移动通信公司等通信企业进行了调研,分析出企业对中职通信技术专业学生的定位和需求如下:

(1)中职学生可从事的岗位(见表 1)

表 1　通信技术专业中职学生工作岗位表

企业类型	岗　　位
通信建设公司	通信建设中的施工岗位
通信运营企业	通信终端的维护岗位、营业厅营业员岗位
通信规划设计	技术资料的档案管理岗位
通信物资销售及物流	物资采购、配送、仓储等岗位

(2)对通信技术专业中职学生的素质和技能要求

①素质要求方面

企业对通信技术专业中职学生的综合素质很重视。团队合作精神、个人的责任心、吃苦的精神、协调能力和语言表达能力。

②知识和技能方面

针对通信技术专业中职学生从事的具体岗位,需要掌握的基本知识和专业技能应有以下几方面:

a. 基本知识,包括礼仪知识,举止适度,用语规范;应用文写作规范,如应用文基本的格式、写作方法;法律知识,通信法规,如在与客户进行业务推广时,要涉及签订合同或协议,了解和具备基本的法律知识是必要的;计算机基本应用操作能力,如能熟练操作使用计算机,能使用计算机处理日常办公文字、图表处理,能使用企业内部专用软件,能熟练处理简单的系统、软件故障,文件加密、系统安全等;英语应用能力,掌握基本的日常用语以及涉及通信业务和知识的简单专业用语。

b. 专业知识和技能,包括市场营销的基本知识,强调客户关系管理、销售技巧、产品管理技巧;通信业务(固话或移动通信业务),掌握相关通信业务知识,了解通信网的知识;固定电话机(移动电话机)维修基础知识,掌握通信原理、电工原理、电子电路、数字电路。固定电话机

（移动电话机）维修相关仪器、仪表的使用操作；档案资料整理、保管知识。

在企业需求调研中，企业特别提出从事通信技术专业的人员必须要有持续学习的能力。在学校的专业学习是基础，目前通信技术的发展迅速，设备的更新换代非常快，新业务层出不穷，因此对企业的员工而言必须不停的学习，才能跟上技术前进的步伐。

4 编制原则

中等职业学校《通信技术专业教师教学能力标准》在编制过程中，坚持按照以下原则：

1. 指导性原则

对中等职业学校的通信技术专业建设和专业教师培训与自我发展提供指导。

"标准"中的专业技能要求来源于社会需求，突出了专业技能在专业教师教学活动中的重要性。

"标准"在参考企业调研后总结出的通信技术专业中职学生可能从事的四种岗位群——通信终端生产与维修、通信网接入服务、通信线路安装与维护、通信系统机务，拟定教师专业技能的四大模块："通信终端维修"、"通信网接入技术"、"通信线路安装与维护"、"通信系统机务"。

虽然在目前的调研结果中，能在通信系统从事机务工作的中职学生数量较少，但作为骨干教师则应具有系统级的观点和技能，才能更好地完成专业建设和课程开发，为今后学生培养开辟新的领域，紧跟时代技术的前沿，使自身的发展也有更广阔的空间，因此能力标准也朝这个方向进行了引导。

2. 专业性原则

参考国家相关职业标准和行业规范，结合专业教师教学特点拟定，内容翔实。

3. 规范性原则

能力标准结构横向划分为能力领域、能力单元、能力要素和能力表现指标四级，与国内外各种职业标准的主体结构一致。

能力指标采用动词＋受词的描述方式，表达"完成任务所需要的能力"，表达方式简明、准确、规范、可读和可操作性强。

4. 实用性原则

标准中各能力单元和能力指标之间的逻辑关系按照工作过程合理组织，简繁得当。阅读能力标准，不仅能使读者明确专业技能和教学技能的具体要求，而且如果将之结合到具体教学工作过程中，则能进一步明确这些技能的目标与程度，增加了能力标准的实用性。

5. 开放性原则

能力标准基本覆盖了通信技术专业从终端、线路、接入、设备、传输到系统的各个层面，保持了专业的完整性，为新岗位，新技能的发展提供了空间。

如固话电话的维修，从常用电话到数字电话，再到可视电话，随着技术的成熟性和难度的加大，对教师的要求也有所不同。当社会需求发生变化后，标准可跟随调整相应部分的内容而不是要通过修改标准框架才能实现。

在移动通信方面也是如此，目前标准以维修 GSM 终端和维护 GSM 系统为主，但整体框架也能适应 3G 技术，因为在不久的将来，就需要进行相应的增添了。

5 开发技术路线与方法

1. 开发依据

本标准在《中等职业学校通信技术专业调研报告》中社会需求和教师现状基础上，结合相关国家职业标准,参考国内外各种职教师资能力标准,遵循国家、教育部相关政策和规定制定而成。

本标准编订工作围绕"中等"、"职业"、"专业"、"教师"四个关键词展开,以《国务院关于大力发展职业教育的决定》和《教育部 财政部关于实施中等职业学校教师素质提高计划的意见》文件的主体思想为指导;以完善职教师资培养培训的体系,促进职教师资培养培训工作的规范化、科学化,提高中等职业学校专业教师素质为目标;广泛吸收中职师资基地、中职学校和行业、企业等各方面的力量参与;建设一个以理论实践一体化的,满足新时代建设需求,对从业教师进行科学指导、科学评价的中等职业学校通信技术专业教师教学能力标准。

本标准在制定过程中参考的法律、法规、标准有:《中华人民共和国教师法》、《教师资格条例》、《中华人民共和国职业教育法》、《中等职业学校教师职业道德规范(试行)》、《重庆市中等职业学校专业教师能力标准(试行)》、《用户通信终端(移动电话机)维修员国家职业标准》等。

2. 开发思路

"能力标准中所谓的能力,是指承担达到工作场所行为标准的具体任务和职责的能力。能力要求应用于有效参与行业、行业部门或企业活动相关的具体知识、技能和态度。能力标准由一系列能力单元组成。每一能力单元描述具体工作功能或职业的一个重要功能或角色。"

因此,能力标准应来源于中职通信技术专业教师对应的职业活动,从工作过程中分析、总结出所需的能力单元、能力要素和能力表现指标。

职业教师是一种职业,其能力标准符合"完成一定职业任务所需要的知识、技能和态度"的定义。在教师职业调查中,其工作岗位是教学,工作对象是学生,工作任务是专业所要求完成的教学任务,完成教学任务所要使用的工具和手段就是教学中要运用到的各种教学辅助手段,劳动的态度是热爱教育事业,在完成一个个教学任务中,作为一个教师需要的专业知识,专业技能和教学方法手段,就是教师应具备的专业能力和教学能力。

3. 工作路线

开发研制中等职业学校通信技术专业教师能力标准,是一个漫长、复杂、细致的工作,它既要依靠项目组的各级专业教师和职业教育专家、企业、行业协会组织协调一致,更要靠一线的骨干教师,离开任何一方都是难以成功的。

项目组以广泛调研为基础,展开对中职学校、教师、学生和企业(用人单位)多方位、全面的调研工作,通过分析调研成果,总结提炼出通信技术专业教师的能力单元和能力要素。与此同时,项目组组织职教专家,针对国内外各种相关职业规范、能力标准开展文献研究工作,开发适应当前国情和职业教育发展现状的教师能力标准框架。

项目组进一步将研发获得的能力标准初稿征求职教专家和一线教师的意见,并根据反馈的结果不断修改和完善。能力标准制定工作路线如图1所示。

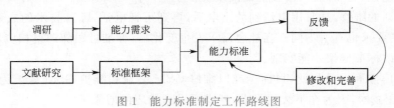

图1 能力标准制定工作路线图

6 标准内容简介和解读

中职教师层级划分为上岗层级教师、提高层级教师(合格并需要进一步提高)和骨干层级教师,这样的划分"不仅意味着各层级应该掌握的知识、技能存在量的差异,更重要的是其责任的范围和性质不同,以及由此引起的能力的结构性差异"。

不同层级的教师在知识技能、方法能力和社会能力要求方面,不是截然分开的,而是相互覆盖的,是重叠而又螺旋式上升的结构。因此,能力标准的制定,三个层级教师采用一个能力标准,针对不同层级的教师在标准中以不同模块和要求进行具体体现,如图2所示。

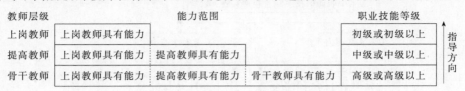

图 2　中职三个层级教师能力关系图

能力,是指承担达到工作场所行为标准的具体任务和职责的能力。能力标准由一系列能力单元组成。每一能力单元描述具体工作功能或职业的一个重要功能或角色。根据教育部对中等职业学校专业教师培训提高的要求,作为专业教学的教师,他(她)首先是一个教师,应具备教师教学的基本能力和教师应具备的智力基础,作为专业教师,还应具备相应专业的知识、技能及与生产实际相结合的相应能力。

"标准"是一个最低线,经过教师的一定努力就能达到"标准"的要求,在实际中应中达到或超过"标准"。

1. 标准指标体系

从专业教师职业角度来划分,本标准将教师的"专业教学能力"分为"专业实践能力"和"专业教学能力"两个大的能力模块,在这两个能力模块下,继续将专业教师的教学能力分解为"能力领域"、"能力单元"直到"能力要素(或称工作任务)",对"能力要素"给出具体的"能力表现指标",使能力考核具有较好的可操作性,便于在实施时进行量化考核。

能力指标体系见表2。

表 2　能力标准格式

能力领域	能力单元	能力要素	能力表现指标
1　××	1.1 ×××	1.1.1 ×××	1.1.1.1 ×××
			1.1.1.2 ×××
		1.1.2 ×××	……
	1.2 ×××	……	……
		……	……

2. 标准内容构成

中职专业教师首先应具备教师的基本素质和能力,其次应具备对应专业的专业知识和技能。随着社会的发展,专业知识的更新、产业技术和工艺的发展,职业教师还要具备了解、认识以及社会沟通的能力和渠道,具有自我发展的能力和社会适应能力。

项目组收集了国内外比较典型的能力标准,分析这些标准的结构和特点,决定了工作过程导向的编制思路,依据中职专业教师在从事专业教学活动过程中需要的能力制定能力标准。在本项目开发的能力标准结构中没有单独为知识、技能和态度形成各自的维度,而是把这些内容结合到中职教师所从事的职业教学活动过程中,具体到每个能力表现指标中体现。纵览能力标准的能力要素,就是一个比较完整的职业教师教学活动的全过程。

中职专业教师的教学能力粗分为专业能力、方法能力和社会能力三大模块,对三大模块再进一步细分若干能力项,以涵盖更多的能力范畴。在能力标准结构中,社会能力被进一步归并到专业技能和教学技能中,因为这两个大的领域分别描述了职业教师在从事相关职业实践活动和教学活动时所需的能力,在这两个主要的活动中,均需要使用到相应的社会能力。由此形成了中等职业通信技术专业教师教学能力标准框架,如图 3 所示。

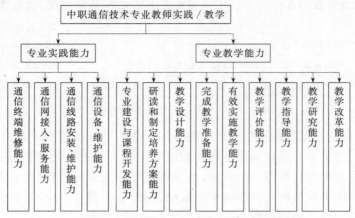

图 3 中职通信技术专业教师教学能力标准框图

（1）专业实践能力标准内容

标准按照通信技术岗位群的技能要求分为四个大模块（方向），分别是用户终端维修、宽带服务、通信线务和通信机务。用户终端维修模块下设置固定电话维修和移动电话维修两个能力领域；宽带服务模块下设置宽带维修一个能力领域；通信线务模块下设置通信线务一个能力领域；通信机务模块下设置通信交换系统维护、移动通信基站维护、通信传输系统维护和通信动力系统维护四个能力领域。

标准中针对的四个大的专业方向（终端维修、宽带服务、通信线务和通信机务）虽然具备相同的技术领域背景和基础理论支撑，但在职业技能上还是有较大区别的，如从事通信终端维修与从事通信机务维护岗位的工作内容就有很大差别。当前中职学校在设置通信技术专业时也是各有侧重，有的以终端维修为主，有的以线务或机务为主，这为标准的统一制定带来一定的难度。本标准采用了模块化组合的方式并根据技术难易程度和社会岗位需求，对各层级教师的要求有所不同。如终端维修、线路、接入等技术含量相对较低的层面，要求教师达到会检测、会排障，能解决问题。而在通信系统维护上，则是以巡检、发现故障为主。

（2）专业教学能力标准内容

专业教学能力标准部分按照教学工作的流程设置了专业建设与课程开发、制定培养方案、教学设计、教学准备、实施教学、教学评价、教学指导、教学研究和教学改革等九个能力领域。

教学能力是职教教师在教学过程中显现的最基础、最必需、最能动、最能展现现代职业教育思想和教育方法的部分，它强调教师应以学生为主体、基于行动和过程导向的学习过程，学生在劳动过程中以探究的方式获得知识、技能和工作经验，强调教师应对学生进行主动全面的关心，而不仅局限于知识的传授。

标准对上岗层级的教师专业教学能力的最低要求是：能完整完成所承担课程的理论教学和实践教学任务全过程。提高层级教师则应在课程开发与建设、课程教学研究、改革与实施等方面，做出更多的贡献。骨干层级教师应在专业建设、专业教学指导，组织教学研究和改革等方面起到带头人的作用。

中等职业学校通信技术专业
教师培训方案

主　编：曾　翎（电子科技大学）

主要研发人员：杨忠孝（电子科技大学）

段景山（电子科技大学）

万　红（四川邮电职业技术学院）

薛晓东（电子科技大学）

习友宝（电子科技大学）

本方案是在对教师教学能力需求和职业岗位技能需求调研的基础上细化而成。针对不同的培训对象上岗、提高、骨干，确定培训要求和培训内容。采取"基地培训＋企业实践"模式，并根据总的培训学时要求，设计培训模块（包括教育类模块、专业类模块、企业实训模块），合理分配培训学时及采用的培训形式。

培训方案的主要模块包括教育类——含职业道德培训模块、现代教育技术培训模块、专业教学法培训；专业类——含"四新"技术培训与讲座、专业核心课程培训；企业实践——分别在培训基地和实训企业完成。为使培训具有较好的可操作性，又将各模块进行细化，列出相应的培训课程和对应学时，以及建议采用的教学形式。

1 培训目的

国务院决定大力发展职业教育,以教育部"中等职业学校教师素质提高计划"为指导,努力改善中等职业学校教学工作,显著提高教师的业务能力、学术水平,努力建设一支高素质的教师队伍。

通过培训,使接受培训的教师政治思想和职业道德水准、专业知识与专业技能、学术水平、教育教学能力和科研能力等方面的综合素质有显著提高,通过多次培训逐渐建成一支多层次、高素质、高水平、具有终身学习能力和教育创造能力的、满足国家和社会发展人才培养需要的中等职业学校专业教师队伍。

2 培训类型及对象

根据对中职教师现状的调研结果显示,目前国内中职教师来源有多种渠道,水平参差不齐。因此对教师的培训必须分步骤进行,按不同层级完成。中等职业教育专业教师的培训,分为上岗、提高和骨干三个层级,均属于非学历的职前或在职提高性教育。

按照《中职通信技术专业教师能力标准》的要求和中职教师现状,中职教师能力的三个层级基本界定如下:

1. 上岗层级教师界定

学历达标,已获得教师资格证;刚从大学毕业,或从文化课和其他相近专业转岗的教师,未从事或少量参与过本专业理论、实验实训教学工作。

具体的类型可能包括:

(1)通信技术或相近专业刚毕业的大学生,首次担任中等职业学校通信技术专业教学的专业教师。

(2)在通信电子行业、企业工作经历3～5年,具有工程师或技师资格的人员,专业培训机构与通信技术相近专业的培训人员,转岗首次担任中等职业学校通信技术专业教学的专业教师。

(3)在中等职业学校担任文化课教学5年以上,转岗首次担任中等职业学校通信技术专业教学的专业教师。

2. 提高层级教师界定

已经是本专业的合格教师,从事本专业职业教育、教学工作4～10年,具有中级以上技术职称,已获得初级或初级以上的职业技能证书,希望通过培训提高水平和能力,向骨干教师目标努力的教师。

具体的类型可能包括:

(1)担任中职通信技术或相近专业教学工作3～5年的合格专业教师。

(2)已获得通信技术专业教师上岗培训合格证书,能够胜任2～3门专业课程理实一体化教学工作(或2～3个专业学习领域的教学培训工作),具有一定专业教学经验的优秀专业教师。

(3)具有在通信建设公司、通信运营企业、通信电子类产品生产企业或通信终端维修公司2年以上实践经历,具有大学本科或相当于本科以上学历,已获得中级技工以上职业资格证书的企业专业技术人员,想通过培训转岗为中职学校通信技术应用专业教师或实践技能培训教师。

3. 骨干层级教师的界定

从事本专业职业教育教学工作 10 年以上,具有高级技术职称,已获得中级或中级以上的职业技能证书,已经是本专业带头人或骨干教师。

具体类型可能包括:

(1)担任中等职业学校通信技术专业教学 10 年以上的专业带头人或骨干教师。

(2)已获得提高层级专业教师培训合格证书,具有丰富专业教学经验,并承担青年教师指导及专业建设工作的专业带头人或教学管理者。

(3)希望在专业建设、教材开发、科学研究、四新教育、专业教学方法等方面有所提高或创新的教师。

(4)具有在通信工程建设公司、通信运营企业、通信电子类产品生产企业或通信终端维修公司 5 年以上实践经历经验,具有本科以上学历,已获得高级技师职业资格证书的企业专业技术人员,想通过培训转岗为中职学校通信技术专业带头人或专业领导者。

3 培 训 需 求

3.1 中职教师能力需求

通过对企业、学校和学生的调研分析,我们得到新时代下社会对中等职业专业教师能力的需求包括:

1. 有良好的实践经验

在调研中,被访企业或学生要求专业教师具有从事企业技术工作经历的占 70% 以上;要求教师具备与技术、工艺、生产实际相当贴近的工程实践经验的则高达 85%。这些与其他类型教师的需求有了很大的差别。当教师的教学从企业工作实际例子引入时,更易激发学生学习兴趣和学习积极性,让学生感受到学有所用,通过学校教学和实践训练达到企业需求的教学目标,缩短学校教学与企业生产实际的距离。

2. 使用先进多样化的教学方法

在调查中,要求教师能用多媒体教学的占 24%;要求教师能将传统黑板粉笔与多媒体很好的结合的占 38%;要求教师采用参观、实习等其他方式教学的占 36%;最反感教师用传统黑板 + 粉笔的教学方式的占 96%。

教师必须脱离"讲台 + 黑板"的简单、呆板的教学模式。采用多媒体教学也只是个形式上的变化而已,关键是教师的教学内容和形式要与企业的生产实践活动相结合。

3. 要求教师有丰富的专业知识

要求专业教师应该熟悉本专业的各门课程。这一要求更贴切的说法是要求教师对各门课知识之间的联系和应用之间的关系有清楚的了解。

4. 懂得学生心理,关爱学生

调查中,要求教师懂教育学和心理学的占 82%;要求教师善于与学生沟通的占 83%;要求教师语言幽默的占 57%;要求教师关心学生身心健康的占 67%。要求专业教师应懂得教育学和心理学,只有这样,才能适时掌握学生学习心态和学习状态,对学生开展因势利导的教学和教育。学生要求教师关爱学生,也只有在教师的关心和爱护下,言传身教地培养学生具有爱心。

5. 成为动手能力和创新能力的表率

一些教师通过自己的科研、科技活动和科技制作,做出科技作品,吸引了学生参与科技活动。学生跟着老师一起做创新研究,主动参加各地开展的中职学生科技活动和中职学生的技能竞赛活动,极大地培养了学生的动手能力和创新能力,提高了学生的专业技能,锻炼了学生的团队精神,增强了学生的社会适应能力。在每个中职学校中,这些具有较强动手能力和创新能力的教师,是学生的崇拜对象,是学生的表率,深受学生喜欢。

6. 综合素质较高

企业和学生都希望教师在教学中更多让学生了解对企业对员工的要求和社会对学生的要求。教师不仅仅在技能上的,还应在工作态度、相互合作、为人处世等多个方面对学生进行指导,才能提高学生的社会适应能力。

3.2 中职教师现状

1. 学源、学历情况

全国范围内约 83% 以上的教师学历为本科和硕士研究生。本专业的调研结果显示出相近的学历比例。不过从学源上统计,属于相关专业的占 25% 左右,从文化课转型的占 15% 左右。专业教师不仅仅需要在学历上提升,关键还要在专业知识和技能方面有更深入的发展。

2. 双师型教师比例较低

通过对教师的问卷调查,被调查者中是"双师"型的教师占 61% 左右。这个比例应该是不高的。在访谈调查中,也有老师指出,虽然技术职称上去了,但教师的工作岗位实际技能还未真正达到应有技术职称水平。

3. 专业技能较缺乏

调查中,中职教师对现代电子技术和通信技术新知识和发展方向了解不够,在教学中应用也不太多。类似"通信设备维护"这样需要一定系统级环境和条件的实践岗位,教师就更少接触了。

教师的专业理论知识和实践结合还有待提高,教师还不能完全胜任实践教学和实训教学任务,不适应"理实一体化教学"的教学模式。

4. 教学方法需要改变

对中职教师的问卷调查显示,教师中采用师生互动式的占 57%,案例式占 21%,任务驱动式占 32%,现场教学法占 39.65%,而使用传统讲授方法的人占 54.90%。中职教师中注意到了要与学生互动,但主动使用与职业教育相适应的案例式教学、任务驱动式等教学方法的比例仍然偏低,而采用传统讲授方式教学的比例显然过高了。

5. 利用现代教育技术和信息技术方面

当前中职教师中计算机掌握程度、课件制作能力和网络应用水平都比较好。不过灵活运用现代教育技术来处理教学内容,并且能将现代教育技术、信息技术与学科教学整合,充分利用现代教育技术和信息技术手段开展教学工作方面,对大部分中职教师而言还是一个较为薄弱的环节。

 4 培 训 目 标

中职专业教师培训,以教师能力为本位,注重知识、技能、才智、态度等多元能力要素的整合。以教师的职业性为特征,以复合性为内涵,切实提高职教师资的师德师能。牢固树立知识结构的多元化和教育手段的综合化观念,培养高素质职教师资。在培养专业理论知识与实践动手能力的同时,加强教育教学的技能训练,注重拓展和延伸其专业知识;为教师打造深厚的职业技能技艺和动手能力、群体协作能力、创新能力及自我调控能力功底。

三个层级的教师在能力结构上是高层级涵盖低层级能力;各层级教师通过工作实践、生产实践、各级培训、自我学习等方面的锻炼,在专业能力、方法能力、组织管理能力和社会能力上逐渐提高;高层级的教师还应有培养、指导低层级教师的责任和义务。

4.1 上岗层级教师

1. 上岗教师培训的核心任务

了解职业教育工作的基本规律,掌握职业教育教学工作的基本程序、方法和手段,顺利实施本专业职业教育教学工作。

(1)对刚毕业的大学生,培训的核心任务主要是:熟悉教师工作过程;掌握职业教育法;掌握专业教学法;熟悉职业教育的教学组织和实施;实现从学生到教师的角色转换。

(2)对从文化课或其他相近专业转岗、并且未从事过本专业理论、实验实训教学的教师,培训的核心任务主要是:专业知识体系结构认识;专业知识的更新和提高;专业教学法、职业教育理论的培训;专业理论、实验实训课教学的组织实施。

2. 上岗教师培训的目标

上岗层级专业教师的培训目标是:熟悉和了解职业教育的规律和特点,能够顺利实施专业课教学活动,熟悉专业知识结构体系、专业技能需求。

(1)初步了解职业教育本质特点,了解实际的职业及职业规范。

(2)掌握基本教学技能,能在老教师的帮助下独立完成特定教学内容的教学。能基本把握课堂的节奏,独立应对课堂中出现的各种突发状况。

(3)了解基本教学方法,掌握一到两种教学方法实施教学,能够应用基本的教学媒体。

(4)培养满足能力标准要求的,上岗层级的基本的实践操作技能。

4.2 提高层级教师

1. 提高教师培训的核心任务

掌握职业教育工作的基本规律,熟练掌握职业教育教学工作的程序、方法和手段,提高教学效果。

(1)教育、教学方法能力进一步凝练和深化;能更灵活、有效地开展本专业的职业教育教学活动。

(2)专业技术知识的补充和更新,专业技能的提高,突出专业新知识、新技术、新工艺、新应用。

2. 提高教师培训目标

(1)基本把握职业教育本质特点,理解职业教育与其他相关学科联系。

(2)能根据需要选取教学内容,独立保质保量完成教学活动。能够进行教学计划的具体设计、实施与评价以及教学资料、媒体、专业实验室及实训场所的分析应用。

(3)理解专业教学法的内涵,掌握各种专业教学方法。

(4)掌握职业分析方法,能够运用工作分析方法对具体岗位和工作过程进行分析;能够通过分析获取技术工人所需的知识、技能。

(5)培养达到能力标准要求的,提高层级的较熟练的实践操作技能。

4.3 骨干层级教师

1. 骨干教师培训的核心任务

精通教育工作的基本规律,探索和设计适合当前社会需求的职业教育教学工作的新程序、方法和手段,促进教育教学效果最优。

通过培训,在教学能力上进一步增强,树立现代职业教育理念,了解课程和教学改革方向,掌握相关专业教学法和现代教育技术手段,具备初步的课程开发能力。在专业水平方面进一步提高,比较熟练地掌握本专业领域的新知识、新技术和关键技能,经过培训,要在原有基础上获得高一级职业资格证书或专业技术资格证书。在实践经验上进一步丰富,了解现代企业生产状况、技术水平、用人需求信息,熟悉生产工艺流程和岗位操作规范,加深对学校教学和企业实际联系的理解

(1)站在专业体系层面,重新理解、重组、相互渗透、综合运用专业基础知识,开发知识模块应用到职业教育能力领域。

(2)补充和更新专业技术知识,提高实践技能,学习新知识、新技术、新工艺、新应用,了解专业技术发展动向。

(3)熟悉国家职业教育方针、政策,系统学习、研究职业教育方法。

2. 骨干教师培训的目标

(1)深刻把握职业教育本质特点,理解职教师资教学实践和职业工作实践的"双重"实践能力。

(2)根据不同教学情境熟练地完成教学活动,善于把工作岗位及工作过程转换为学习环境,开拓学生在专业工作中学习的可能性;善于开发专业教学中的学习工作任务。

(3)熟练运用工作分析方法,将岗位分析的结果归类重组并形成新的教学内容;系统地进行技术、工作以及职业教育过程的分析,组织与评价。

(4)能够统筹总领课题项目研究、设计研究方案、控制研究过程、形成研究成果并推广实施。

(5)培养达到能力标准要求的,骨干层级的高级别的操作技能。

5 培 训 内 容

中职教师急需的核心能力主要包括:(1)业务能力,包括专业能力、专业教学能力、实践能力和研究能力;(2)社会能力,包括交际和合作能力、管理能力;(3)自我发展能力,包括自学能力、创造力。

本方案的培训内容的设计围绕学员的业务能力、社会能力、自我发展能力等多个方面,突出专业能力、专业教学法能力和实践能力的培养和提高。

培训方案以模块化方式组织培训内容,设立两大类、十余个培训模块。其中专业技能培训模块和专业教学法培训模块是整个培训方案的重点。

5.1 教育类培训

1. 职业道德培训模块

包括职业教育政策、体系、教师职业道德规范等政策法规的宣讲,使职业教师明确自身的责任和义务,从事教学工作应有的态度,明确在伟大祖国民族复兴中的历史使命。

2. 职业教育学培训模块

介绍国内外职业教育发展、职业教育理论，为受训教师进一步自我发展提供理论依据和支持。

3. 现代教育技术应用培训模块

主要培训内容包括电子教案、电子课件制作，多媒体技术等在职教中的应用，音、视频信号计算机采集和编辑应用，网络课件制作及网络远程教育技术。

针对教师计算机应用能力已基本合格的背景，本模块主要是培训教师如何将这些技术有效地运用到教学活动中。

4. 专业教学法培训模块

通过现代职业教育专业教学法讲座和教学法案例实训，使参训教师集中掌握各种教学方法，在教学中能够自觉主动地灵活选择教学方法，改变传统、简单、灌输式的授课方式。

5. 职业教育心理学培训模块

通过让受训学员学会主动运用职业教育心理学知识和技能，去了解学生、关爱学生，针对中职学生这个年龄段的心理特点和需求，采用适当的教学方法和沟通方式，使教学活动能有效地达到教学目标。

5.2 专业类培训

1. 职业发展与劳动组织分析培训模块

针对企业和学生都希望多了解企业和社会的需求，培训教师学会进行职业分析方法。在教学活动中，能使自己的教学内容更贴近职业岗位的实际需要。同时职业发展与劳动组织分析也是课程开发、专业建设的重要基础。

2. 系列专业"四新"讲座培训模块

针对中职教师对通信技术领域新知识、技术了解不够的现状，开设通信技术领域新知识、新技术、新业务、新应用的讲座，不仅能使参训教师能将这些新的信息带到教学中去，还能使教师了解技术潮流和发展趋势，对自我发展方向有更清楚地认识。

3. 系列专业核心课程（含技能）培训模块

根据通信技术专业学生可能就业的工作岗位群、相关职业标准、《中等职业通信技术专业教师教学能力标准》要求和中职教师现状，拟定了专业技能的四大模块：通信终端维修、通信线路安装与维护、宽带接入服务与维护、通信系统机务。

从专业角度，这四个模块分为两个大类：通信系统周边——终端、线路和接入以及通信系统核心——系统机务、维护。

这些技能培训模块大部分采用任务驱动式教学培训方式，来源于典型的岗位工作过程中。通过培训，在提高教师专业技能的同时，使教师感受到灵活多样的教学方法的实际效果，学会使用这些方法。

4. 企业实践培训模块

企业实践是参训教师了解企业重要环节，也是提高教师专业技能的重要场所，本部分培训内容在联合企业培训基地完成，包括企业管理与企业文化，学生就业、择业与创业分析；现代企业人才需求与人才培养分析；生产工艺与生产流程（参观见习）；系统维护工作规范；企业岗位锻炼等内容。

5.3 培训课程内容选择

本培训方案采用了分模块方式。培训基地在为参训教师制定具体培训计划前,需充分调研参训教师的当前技能情况和需要,帮助参训教师根据培训方案和能力标准要求选择适当模块作为重点培训内容。

本培训方案中,不同层级教师的课程设置有不同。同一门课程针对不同层级的教师在要求、学时和培训形式上也有不同。

6 培训时间及总学时

各层级教师培训时间及总学时见表3。

表3 培训时间及总学时

培训类型	培训时间	课程培训(学时)	企业实训(学时)	培训总学时(学时)	总学分
上岗层级	60 天	256	64	320	16
提高层级	60 天	256	64	320	16
骨干层级	脱产培训时间为 60 天 在职研究时间建议为 90 天	256	64	320	16

7 培训方案总体介绍

7.1 培训方案架构

根据中职教师现状和能力标准要求,中职教师培训分为三个层级,培训方案分别按照这三个层级分别制定,见表4。

表4 培训方案架构

培训类型	上岗层级专业教师	提高层级专业教师	骨干层级专业教师
培训对象	新上岗教师	已有几年的专业课教学经验	本专业带头人或教学骨干
培训目标(应达到的能力标准)	上岗层级教师教学能力要求	提高层级教师教学能力要求	骨干层级教师教学能力要求
教学能力标准要求的内容	第 E1. Y. Z 模块	第 E2. Y. Z 模块	第 E3. Y. Z 模块
实践能力标准要求的内容(职业技能证书)	第 P1. Y. Z 模块	第 P2. Y. Z 模块	第 P3. Y. Z 模块
培训模式/方式(可选择)	预设式、综合性、课程式、集中式为主(基地培训、校本培训)	预设式、综合性、研讨式、集中式为主(基地培训)	预设式、综合性、研讨式、集中式为主(基地培训)

注:EX. Y. Z——培训方案中的教学能力培训模块代码,E表示教学能力,X表示层级(X为1时表示上岗层级,2为提高层级,3为骨干层级),Y表示模块编号,Z表示子模块编号;PX. Y. Z——培训方案中的实践能力培训模块代码,P表示实践能力,X表示层级(X为1时表示上岗层级,2为提高层级,3为骨干层级),Y表示模块编号,Z表示子模块编号。

7.2 培训方案组成

培训方案组成结构见表5。

表 5　培训方案组成结构

学 习 领 域		上岗层级		提高层级		骨干层级		
		学时	代码	学时	代码	学时	代码	
教育类	教师职业道德培训模块	12	E1.1	4	E2.1	4	E3.1	
	职业教育学培训模块	40	E1.2	4	E2.2	64	E3.2	
	现代教育技术应用培训模块	24	E1.3	24	E2.3	28	E3.3	
	专业教学法培训模块	40	E1.4	40	E2.4	16	E3.4	
	职业教育心理学培训模块	12	E1.5	8	E2.5	4	E3.5	
专业类	职业发展与劳动组织分析培训模块	24	E1.6	12	E2.6	16	E3.6	
	系列"四新"讲座模块	8	E1.7	12	E2.7	12	E3.7	
	系列专业核心课程(含技能)培训模块	96	P1.1～P1.7	152	P2.1～P2.7	112	P3.1～P3.7	
	企业实践培训模块	64	P1.8	64	P2.8	64	P3.8	
	合计	320		320		320		
	学分	16		16		16		

　　培训方案分为教育类、专业类两大类,包括教师职业道德、职业教育学培训、现代教育技术应用培训、专业教学法培训、职业教育心理学培训、职业发展与劳动组织分析培训、系列"四新"讲座、系列专业核心课程(含技能)培训、企业实践培训九个子模块。其中又以专业教学法培训和系列专业核心课程(技能)培训为重点。

7.3　培训方案解析

　　培训方案围绕中职师资培训四个关键词展开:职业、教育、专业、技能。从大的维度分为教育和专业两类。教育类以提升教师教学能力为核心,以职业教育为背景,以专业教学法培训为重点;专业类培训以提升教师专业能力为核心,以职业活动为背景,以专业核心课程为重点。

　　从事职业教育的教师必须具备相当的专业技能,才能保障实践教学活动的有效性。而当前中职教师普遍存在的职业技能水平有待提高的问题,因此本培训方案将教师的专业技能提升作为重点内容,占据较大比例。

　　在整个培训方案中,各层级培训教育与专业组成比例如图 4 所示。上岗层级教师中刚从大学本科毕业的成员占据较大比例,对职业教育和职业教学方法缺少足够认识,教学理念和方法需要更新。了解和掌握职业教育理念,才能有效地指导他们的教学活动。因此相对其他两个层级,上岗层级教师的培训方案中教育类所占比例较大。提高层级教师对职业教学活动和

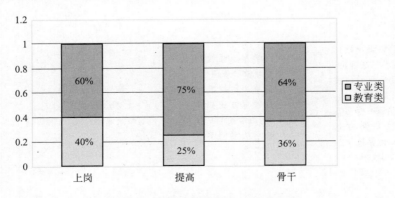

图 4　各层级培训教育与专业组成比例

过程已有一定程度的掌握,他们需要的是大幅度提高专业技能,以成为学校教学活动中的中坚力量,因此专业部分占的比例较大。骨干层级教师需要对职业教育理念和过程有深度思考和体会,才能正确把握所领导团队的教学活动的方向,因此在教育类培训模块中不仅比例相对提高,还安排了更多的团队组织管理、政策分析、教育模式分析的研讨活动。

教育类和专业类模块设计见表6、表7。

表6　教育类培训构成与设计

序号	学习领域	上岗层级		提高层级		骨干层级		方案设计横向维度对比
		培训内容	该模块在教育类培训和整个方案所占比例	培训内容	该模块在教育类培训和整个方案所占比例	培训内容	该模块在教育类培训和整个方案所占比例	
1	职业教育道德	了解教师职业道德内涵	9.4% 3.8%	学习教师职业道德内涵	5% 1.3%	深化教师职业道德内涵	3.5% 1.3%	
2	职业教育学	了解职业教育与社会经济的关系,国家职教方针和政策,现代职业教育基本思想与理论、中外职业体系和模式、中外职业教育发展与现状	31.2% 12.5%	学习现代职教思想,掌握现代职教理论与理念	5% 1.3%	研讨现代职教思想,掌握职业教育学校组织管理方法,及管理艺术,了解我国职教方针战略和专业建设方向,了解教育研究项目的申请、立项、研发过程,掌握专业建设规划方法等	55.1% 20%	上岗层级教师以了解职业教育规律和方法为主,骨干层级教师则应在职教理论和专业建设方面有更深入的研究
3	现代教育技术应用	多媒体教育技术使用、电子课件制作、课件素材采集方法	18.8% 7.5%	熟练使用电子课件开发软件、电子课件制作、网络学习课件制作、精品课程建设技术	30% 7.5%	网络学习课程组织与建设、精品课程组织与建设	24.1% 8.8%	上岗层级教师以掌握制作课程电子课件的技能为主;提高层级教师以掌握更多在课程资源建设过程所需技能为目标;骨干层级教师以组织和领导课程建设为目标
4	通信技术专业教学法	了解职业教育专业教学法理论,学习观摩通信技术职业教育方法,学习备课,学习备专业实践课,通信技术专业教学法体验与实习	31.2% 12.5%	学习职业教育专业教学法理论,交流通信技术职业教育方法和经验,通信技术专业教学法案例学习与实践	50% 12.5%	职业教育课程开发研讨、教学实践及课题研究	13.8% 5%	上岗层级教师以了解和应用专业教学法为主要内容,观摩示范课及进行教学法实践;提高层级教师已经具备一定的专业教学法实践经验,以交流、研讨为主要形式;骨干层级教师则更关注于课程开发,教学方法改革

序号	学习领域	上岗层级		提高层级		骨干层级		方案设计横向维度对比
		培训内容	该模块在教育类培训和整个方案所占比例	培训内容	该模块在教育类培训和整个方案所占比例	培训内容	该模块在教育类培训和整个方案所占比例	
5	职业教育心理学	了解职业学校学生的心理特征与问题、心理健康与教育、教师的心理素养、熟悉通信专业实践教学、企业实践教学基本安全规程	9.4% 3.8%	了解职业教育教学心理规律、课堂心理与管理、学生的心理差异、职业选择心理与指导、职业心理测验等	10% 2.5%	研讨职业教育教学心理规律、因材施教策略、职业品德心理与培养	3.5% 1.3%	
	方案设计纵向维度对比	上岗层级教师的培训以职业教育学和专业教学法为主,解决理念和方法这两个问题		提高层级教师培训以现代教育技术和教学法的应用实践和交流为主		骨干层级教师以深入研讨职教理论,提高他们的专业规划和发展能力;课程开发的组织、领导能力		

注:"比例"一栏,第一个比例值是该模块在教育类培训中所占比例,第二个比例值是该模块在整个方案中所占比例。

表7 专业类培训构成与设计

序号	学习领域	上岗层级		提高层级		骨干层级		方案设计对比
		培训内容	该模块在专业类培训和整个方案所占比例	培训内容	该模块在专业类培训和整个方案所占比例	培训内容	该模块在专业类培训和整个方案所占比例	
6	职业发展与劳动组织分析	了解通信行业现状,掌握行业发展动态;了解通信技术企业岗位分配及需求情况,分析岗位技术要求	12.5% 7.5%	跟踪行业发展动态,研究职业教育发展空间;学习职业岗位分析方法;企业调研和职业岗位工作任务分析实践	5% 3.8%	跟踪行业发展动态,研究职业教育发展空间。通过劳动过程和生产组织分析,掌握行业特性,使职业教育服务于行业生产。掌握校企交流与合作策略与方法。掌握培训与指导的方法与过程,以对本专业教师进行专业及教学法培训指导	7.8% 5%	上岗层级教师的培训以了解和熟悉通信技术专业各职业岗位设置及能力需求为主;提高层级教师以掌握职业岗位分析方法,工作任务分析方法,为分析职业岗位制订教学计划和内容打下基础;骨干层级教师培训已握行业发展趋势,校企交流合作为主
7	系列"四新"讲座模块	3G移动新技术;新一代接入技术	4.2% 2.5%	软交换技术;3G移动新技术;新一代接入技术	5% 3.8%	软交换技术;3G移动通信技术;宽带接入技术;智能终端与发展等	5.9% 3.8%	通信技术领域技术发展极快,"四新"讲座内容应紧跟技术发展潮流,灵活选择

续上表

序号	学习领域	上岗层级		提高层级		骨干层级		方案设计对比
		培训内容	该模块在专业类培训和整个方案所占比例	培训内容	该模块在专业类培训和整个方案所占比例	培训内容	该模块在专业类培训和整个方案所占比例	
8	系列专业核心课程（含技能）培训模块	用户终端维修；ADSL设备安装和典型故障处理；电/光缆维护；交换机维护；移动通信系统维护；传输设备维护；通信动力系统维护	50%30%	用户终端维修；ADSL测试与综合故障处理；通信线缆检测与维护；交换系统维护；移动通信系统维护；传输设备与网络维护；通信动力系统维护	63.3%47.5%	用户终端维修；ADSL接入质量评估；通信线缆检测与维护；交换系统业务与信令系统维护；移动通信系统维护；传输设备与网络维护；通信动力系统维护	54.9%35%	根据《中职通信技术专业教师能力标准》中专业技能要求设置培训内容，上岗层级教师根据自身工作方向，选择其中的一个模块完成培训，提高层级教师须选择两个模块，骨干层级教师须选择两个模块；同样的模块在不同层级的要求和内容有所不同
9	企业实践培训模块	了解通信电子产品企业生产组织过程、生产流程；了解通信运营企业组织管理、维修维护工作流程；了解通信工程建设过程；通信企业上岗实际操作	33.3%20%	熟悉电子通信电子产品生产企业生产组织过程，产品和设备生产流程，熟悉通信运营企业组织管理，参与维修、维护工作；了解和参与通信工程建设过程；通信企业上岗实际操作	26.7%20%	企业组织生产、组织管理、企业文化交流研讨、通信产品质量认证体系、环保与卫生、安全保障交流研讨等；结合通信企业，进行校企业实训体系构建探索；结合生产实践，思考企业实训组织方式与评价体系	31.3%20%	组织教师深入企业，参观、交流、定岗实习，可选的企业类型主要包括：通信电子产品生产企业、通信运营企业、通信工程建设企业等

7.4 培训方式建议

中职教师是具备一定学习能力的群体，为提高培训效率，部分培训内容如职教理论、教育心理学、"四新"技术讲座等可采用理论授课为主的教学方法。

培训方案中占较大比例的专业教学法培训模块和专业核心课程技能培训模块则应尽量采用理实一体化、行动导向为主的教学方法。在培训基地或企业中完成。一方面通过这种方法真正达到提高教师教学、实践技能的目的，同时也让教师在培训中体验教学方法的设计、组织、实施的全过程，亲身感受教学效果，获得实践经验，对于他们在教学活动中自觉设计和使用适合的教学方法大有裨益。

与行业和企业分析有关的模块，可结合企业实践模块，同期完成。

在整个培训方案中，以理论授课方式为主与以教师实践体验为主的培训方式所占比例如图5所示。

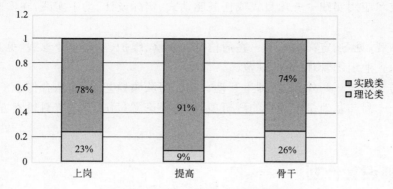

图 5　各层级培训理论与实践比例

上岗层级教师需要补充职教基本理念、行业发展现状等知识,这部分以理论授课为主的方式效率较高,骨干层级教师须在职教理论和行业分析方面有深入的研讨,实际是采用理论授课和交流讨论为主的授课方式。

1. 上岗层级教师培训方式建议

(1)讲座——职教理论、理念,现代教育技术,现代通信技术发展。

(2)教学观摩——中职课堂教学实地观摩和专家示范课,进行分析总结。

(3)模拟授课——学员试讲、专家点评。

(4)教学实习——中职、高职学校实地教学。

(5)学员讨论课——说课、互评、专家点评。

(6)技术应用实践——通过实训室中完成任务或项目,提高专业技能;学习实践课程的组织教学。

(7)企业参观、见习——了解企业专业技能需求。

2. 提高层级教师培训方式建议

(1)专题讲座——职教理论、理念,现代教育技术,现代通信技术发展。

(2)教学研讨——受训教师通过分组交流,说课、互评,专家点评,提高专业课程教学水平;通过示范、观摩教学,提高专业教学能力,通过现代职业教学方法实践,体现现代教育技术应用。

(3)专业技术应用实践——通过任务驱动式、实际设计、动手实践,在实验实训室中完成维护任务或维修项目。

(4)企业参观、见习、定岗实习——在通信技术维修、维护、工程项目实践过程中学习相关的操作技能、技术,学习相关的操作规范、规程、执行相关的标准,在行动过程中养成职业素质和职业习惯,并将这些知识、能力内化到自身对中职学生的教育培养工作中。

(5)沟通与交流——野外拓展、师生互动、交流,学习交流、沟通、协调能力,提高团队协作意识和能力,并迁移到教学中。

(6)研修——提高科研能力,提高论文写作、资料检索、计算机操作与应用技术。

3. 骨干层级教师培训方式建议

(1)专题讲座——职教理论、理念,现代教育技术,现代通信技术发展。

(2)核心专业知识系统学习——利用现代教育技术传授相关知识和技能。

(3)教学研讨——受训骨干教师分组教学,说课、互评、讨论,专家点评,现代职业教学方法实践和研讨。

（4）专业技术应用实践——项目式或任务驱动式、实际设计、动手实践，在实验实训室中完成项目或任务。

（5）企业参观、见习、定岗实习——在通信技术维修、维护、工程企业参观、见习、定岗实习，学习企业文化、企业组织管理、企业规范。

（6）沟通与交流——野外拓展、师生互动、交流、团队领导艺术、团队合作。

（7）研修——参与基地学校导师的科研项目、指导论文写作、学习资料检索方法、项目研发方法和过程。

8 培训课程计划

8.1 上岗层级

上岗层级教师大多是刚从事职业教育，也是第一次参加培训。他们需要更多地了解职业教育的内涵和特点，了解职业教学中的一般方式、方法，了解企业和职业发展，在专业实践技能方面需要基本的培训以胜任课程中的实践指导工作。上岗层级教师培训课程计划见表8。

表8 上岗层级教师培训课程计划

模块代码	子模块代码	学习领域	教学内容概要	参考课时	教学形式	课时合计	备　注
E1.1	E1.1.1	教师职业道德规范	学习教师职业道德内涵	12	专家讲座 小组讨论	12	
E1.2	E1.2.1	现代职业教育概论	了解职业教育与社会经济的关系，国家职教方针和政策，现代职业教育基本思想与理论，中外职业体系和模式，中外职业教育发展与现状	40	专家讲座 小组讨论	40	
E1.3	E1.3.1	现代教育技术应用	现代教育技术的内涵及基本方法，多媒体教育技术使用，电子课件制作，课件素材采集方法	24	专家讲座课件制作实践应用实习	24	
E1.4	E1.4.1	通信技术专业教学法学习	学习职业教育专业教学法理论，学习观摩通信技术职业教育方法，学习备课，学习备专业实践课，通信技术专业教学法案例体验与实践	36	专家讲座 教学体验 教学观摩 教学讨论 教学实习	40	与技术类课程同步进行
	E1.4.2	职业学校通信技术专业教学调研	职业学校专业课程教学现状	4	职业学校听课、调研		
E1.5	E1.5.1	职业教育心理学	职业学校学生的心理特征与问题、心理健康与教育、教师的心理素养	8	专家讲座 案例讨论	12	
	E1.5.2	职业技术安全教育	学习实践教学、企业实践教学安全规程	4	专家讲座 案例讨论		
E1.6	E1.6.1	通信行业发展概述	通信行业现状，掌握行业发展动态	8	专家讲座 企业参观	24	企业参观可与企业实训同步进行，参观形式可以是参观企业或参观高校相关实验室
	E1.6.2	通信技术专业教师能力标准解读	学习和分析通信技术专业教师教学和实践能力标准	8	专家讲座		
	E1.6.3	通信技术职业岗位分析	调研通信技术企业岗位分配及需求情况，分析岗位技术要求	8	专家讲座 企业调研		
E1.7	E1.7.1	"四新"技术讲座	3G移动新技术	4	专家讲座	8	培训单位可视情况选择讲座内容
	E1.7.2		新一代接入技术	4			

续上表

模块代码	子模块代码	学习领域	教学内容概要	参考课时	教学形式	课时合计	备 注
P1.1	P1.1.1	固定电话维修	维修业务受理,常用型号电话组装,常用型号电话故障判断	24	角色扮演、任务驱动式教学	48	根据参训教师情况和培训基地条件选择任意一个模块
	P1.1.2	移动电话维修	维修业务受理,GSM手机常见故障检修,CDMA手机常见故障检修	24	角色扮演、任务驱动式教学、案例教学		
P1.2	P1.2.1	ADSL宽带设备安装	ADSL宽带设备安装	16	任务驱动式教学		
	P1.2.2	ADSL宽带典型故障处理	ADSL宽带典型故障处理	32	任务驱动式教学、案例教学		
P1.3	P1.3.1	电缆维护	电缆敷设施工,电缆常规测试与维护	24	任务驱动式教学		
	P1.3.2	光缆维护	光缆施工,光缆基本故障检测和接续	24	任务驱动式教学		
P1.4	P1.4.1	交换机系统维护	SBL维护,CE维护,系统告警监测	32	任务驱动教学、案例教学	48	根据参训教师情况和培训基地条件选择任意一个模块
	P1.4.2	交换机日常业务管理	用户业务数据管理	16	任务驱动式教学		
P1.5	P1.5.1	移动基站维护	机房巡检,一般故障检测和排除	24	任务驱动式教学		
	P1.5.2	天馈系统维护	常规巡检和指标测试	24	任务驱动教学		
P1.6	P1.6.1	传输设备维护	网管系统监测,机房常规巡检	24	任务驱动教学、案例教学		
	P1.6.2	传输网维护	SDH/MSTP网络维护,链形组网配置	24	任务驱动式教学		
P1.7	P1.7.1	通信动力系统巡检	动力设备(直流、交流、空调、集中监控)常规巡检	8	任务驱动教学、案例教学		
	P1.7.2	通信动力设备维护	动力设备常规维护(清洁、更换、除尘等)	16	任务驱动教学		
	P1.7.3	通信动力系统排障	动力设备典型故障排除	24	任务驱动式教学、案例教学、活动讨论		
P1.8	P1.8.1	通信生产企业认识	考察电子、通信企业生产组织过程,考察电子、通信企业生产流程	16	企业实地考察实习	64	培训基地因地制宜选择参观和实习企业
	P1.8.2	通信运营企业认识	考察通信运营企业组织管理	16	企业实地考察实习		
	P1.8.3	通信建设企业参观	考察通信工程建设过程	16	企业实地考察实习		
	P1.8.4	通信企业上岗实习	实际操作	16	企业实地考察实习		
合　　计						320	

8.2 提高层级

提高层级教师已从事多年职业教育工作,有一定的教学经验。通过培训使他们多掌握一些教学方法和专业技能,进一步总结自己的经验,拓展知识面。在培训形式上应尽量多安排他们之间的讨论与交流。提高层级教师培训课程计划见表9。

表9 提高层级教师培训课程计划

模块代码	子模块代码	任务领域	教学内容概要	参考课时	教学形式	课时合计	备注
E2.1	E2.1.1	教师职业道德规范	学习、交流教师职业道德内涵	4	专家讲座 小组讨论	4	
E2.2	E2.2.1	职业教育思想及理论	现代职教思想 现代职教理论与理念	4	专家讲座 小组讨论	4	
E2.3	E2.3.1	现代教育技术应用	学习开发电子课件的应用软件,电子课件制作,网络学习课件制作,精品课程建设	24	课件制作 实践与交流 小组讨论	24	
E2.4	E2.4.1	通信技术专业教学法研讨	学习职业教育专业教学法理论,交流通信技术职业教育方法和经验,通信技术专业教学法体验与实习,通信技术专业教学法案例学习与实践	36	专家讲座 教学体验 教学观摩 教学讨论 教学实习	40	与技术类课程同步进行
E2.5	E2.5.1	职业教育心理学	职业教育教学心理规律课堂心理与管理学生的心理差异职业选择心理与指导职业心理测验	8	专家讲座 案例讨论	8	
E2.6	E2.6.1	通信与电子技术行业企业发展概述	跟踪行业发展动态,研究职业教育发展空间	4	专家讲座 企业参观	12	企业参观可与企业实训同步进行
	E2.6.2	通信技术职业岗位分析	学习职业岗位分析方法,实践企业调研和职业岗位分析	8	专家讲座 企业调研		企业参观可与企业实训同步进行
E2.7	E2.7.1	四新技术讲座	软交换技术	4	专家讲座	12	培训单位可视情况选择讲座内容
	E2.7.2		3G移动新技术	4			
	E2.7.3		新一代接入技术	4			
P2.1	P2.1.1	固定电话维修	无绳电话常见故障维修,数字电话常见故障维修	16	任务驱动式教学、案例教学		根据参训教师情况和培训基地条件选择任意两个模块
	P2.1.2	移动电话维修	GSM手机复杂故障检修(特殊元件检测与替换),CDMA手机复杂故障检修(特殊元件检测与替换)	20	任务驱动式教学、案例教学		
P2.2	P2.2.1	ADSL接入质量检测	测试线路质量,查找故障原因	16	任务驱动式教学、案例教学	72	
	P2.2.2	ADSL宽带综合故障处理	ADSL宽带综合故障处理,如网速过慢、频繁掉线等	20	任务驱动式教学、案例教学		
P2.3	P2.3.1	电缆维护	电缆故障检测,电缆故障维修	12	任务驱动式教学、案例教学		
	P2.3.2	光缆维护	干线光缆线路检测与维护,本地光缆线路检测与维护	8	任务驱动式教学		
	P2.3.3	杆线维护	杆线线路故障查找与维护,线路拆除与整修	8	任务驱动式教学		
	P2.3.4	管道施工	管道施工,槽底障碍处理	8	任务驱动式教学、案例教学		

续上表

模块代码	子模块代码	任务领域	教学内容概要	参考课时	教学形式	课时合计	备注
P2.4	P2.4.1	交换系统维护	配对模块话务控制,系统告警分析处理	20	任务驱动式教学、案例教学	80	根据参训教师情况和培训基地条件选择任意两个模块
	P2.4.2	交换系统业务管理	局数据管理,交换机 I/O 管理	20	任务驱动式教学、案例教学		
P2.5	P2.5.1	移动基站主、传、动设备维护	基站质量检测与调整	20	任务驱动式教学、案例教学		
	P2.5.2	天馈系统维护	天馈系统质量检测与调整	20	任务驱动式教学、案例教学		
P2.6	P2.6.1	传输设备维护	通道质量检测与处理,同步网维护,制定月作业计划	20	任务驱动式教学、案例教学		
	P2.6.2	传输网络维护	SDH/MSTP 网络环形组网配置,MSTP 设备业务配置,WDM 网络维护,典型故障处理	20	任务驱动式教学、案例教学		
P2.7	P2.7.1	动力设备巡检	配电安全检查,发电机组切换操作	20	任务驱动、案例教学		
	P2.7.2	动力设备维护	蓄电池组维护——核对性容量试验等,空调系统维护	20	任务驱动式教学		
P2.8	P2.8.1	通信生产企业认识	考察电子、通信企业生产组织过程,参与电子、通信企业生产流程	16	企业实地考察实习	64	培训基地因地制宜选择参观和实习企业
	P2.8.2	通信运营企业认识	考察通信运营企业组织管理,参与维修、维护工作	16	企业实地考察实习		
	P2.8.3	通信建设企业参观	考察和参与通信工程建设过程	16	企业实地考察实习		
	P2.8.4	通信企业上岗实习	实际操作	16	企业实地考察实习		
合　　　计						320	

8.3 骨干层级

骨干层级教师的培训以提高教师从事教学研究、课程建设工作的能力。实践技能方面在故障排除、系统规划、优化等方面有所侧重。骨干层级教师培训课程计划见表10。

表 10　骨干层级教师培训课程计划

模块代码	子模块代码	任务领域	教学内容概要	参考课时	教学形式	课时合计	备注
E3.1	E3.1.1	教师职业道德规范	交流、讨论教师职业道德内涵教育	4	专家讲座小组讨论	4	
E3.2	E3.2.1	职业教育思想及理论	现代职教思想研究现代职教理论与理念	8	专家讲座小组讨论	64	
	E3.2.2	学校组织管理与管理艺术	职业教育学校组织管理科学管理的方法及管理艺术	16	专家讲座案例讨论小组讨论		
	E3.2.3	中国职业教育政策与研究	学习我国职业教育目前方针战略和专业建设研究	8	专家讲座案例讨论小组讨论		

续上表

模块代码	子模块代码	任务领域	教学内容概要	参考课时	教学形式	课时合计	备注
E3.2	E3.2.4	国内外职业教育模式分析研究	学习国内外职业教育体系结构学习国内外职业教育模式对比分析研究国内职业教育及其发展	8	专家讲座 案例讨论 小组讨论	64	
	E3.2.5	职业教育研究	研讨示范课和观摩课的组织,学习论文撰写与选题技巧,掌握教育研究项目的申请立项和组织团队开展研究	16	专家讲座 案例讨论 小组讨论		
	E3.2.6	专业建设规划及管理	调研专业现状,研究专业发展规律,讨论专业建设指导思想,学习专业建设规划方法与专业管理措施	8	专家讲座 职校调研 案例讨论 方案设计		
E3.3	E3.3.1	现代教育技术应用	网络课程制作 精品课程建设	28	专家讲座 应用实习	28	
E3.4	E3.4.1	职业教育课程开发	职业教育课程开发的基本思路与方法,课程开发实践	16	专家讲座 职校调研 案例讨论 方案设计	16	与技术类课程同步进行
	E3.4.2	教学实践及课题研究	受培训教师结合本校及本人实际教学工作,选择适当研究方向,进行专业建设研究、课程体系开发研究,可以与高一级的学校联合选题、立题	150天	在职研究,可有培训基地的教师指导		
E3.5	E3.5.1	职业教育心理学	研讨职业教育教学心理规律、因材施教策略、职业品德心理与培养	4	专家讲座 案例讨论	4	
E3.6	E3.6.1	通信电子行业企业发展研讨	跟踪行业发展动态,研究职业教育发展空间	4	专家讲座 企业参观	16	企业参观可与企业实训同步进行
	E3.6.2	通信技术行业特性分析	通过劳动过程和生产组织分析,掌握行业特性,使职业教育服务于行业生产	4	专家讲座 企业参观		企业参观可与企业实训同步进行
	E3.6.3	行业交流与合作	掌握校企交流与合作策略与方法	4	专家讲座 企业调研		企业参观可与企业实训同步进行
	E3.6.4	培训与指导	掌握培训与指导的方法与过程,以对本专业教师进行专业及教学法培训指导	4	专家讲座 小组讨论		
E3.7	E3.7.1	四新技术讲座	软交换技术	3	专家讲座 企业实地考察实习	12	
	E3.7.2		3G移动通信技术	3			
	E3.7.3		宽带接入技术	3			
	E3.7.4		智能终端与发展	3			
P3.1	P3.1.1	固定电话维修	公用电话常见故障维修,复杂数字电话(可视电话)常见故障维修	12	任务驱动式教学、案例教学	48	根据参训教师情况和培训基地条件选择任意两个模块
	P3.1.2	移动电话维修	手机综合故障检测与维修,维修质量达标检测	12	任务驱动式教学、案例教学		
P3.2	P3.2.1	ADSL接入质量评估	ADSL线路质量测试,ADSL线路质量提升	24	任务驱动式教学、实验教学		
P3.3	P3.3.1	光缆线路维护	干线光缆线路维护,本地光缆线路维护,制定月作业计划	16	任务驱动式教学、案例教学		
	P3.3.2	杆线与管道维护	线路图设计	8	任务驱动式教学、案例教学		

模块代码	子模块代码	任务领域	教学内容概要	参考课时	教学形式	课时合计	备注
P3.4	P3.4.1	高级交换机业务管理	计费数据管理,7号信令管理	32	任务驱动式教学、案例教学		
P3.5	P3.5.1	移动基站维护	基站工作状态检测与调整	16	任务驱动、实验教学		
	P3.5.2	移动通信网络优化	覆盖优化设计,容量优化设计	16	任务驱动式教学、案例教学		
P3.6	P3.6.1	传输设备维护	同步网规划设计	16	任务驱动式教学、案例教学	64	根据参训教师情况和培训基地条件选择任意两个模块
	P3.6.2	传输网络维护	SDH/MSTP网络复杂组网配置	16	任务驱动式教学、案例教学		
P3.7	P3.7.1	动力设备操作	UPS换电操作,蓄电池扩容、更新,增、减整流模块	16	任务驱动式教学		
	P3.7.2	动力系统排障	机房制冷系统排障,排除油机故障,集中监控系统排障	16	任务驱动式教学、案例教学		
P3.8	P3.8.1	企业文化管理讲座	企业组织生产、组织管理、企业文化、通信产品质量认证体系、环保与卫生、安全保障等	16	企业高管	64	
	P3.8.2	企业参观交流		16	企业实地考察实习		
	P3.8.3	校企合作实训体系规划与方案策划	结合通信企业,进行校企实训体系构建探索	16	企业实地考察实习		
	P3.8.4	企业生产岗位实践	结合生产实践,思考企业实训组织方式与评价体系	16	企业实地考察实习		
合　　　计						320	

8.4 培训模块与能力标准对应关系

为便于参训教师和基地掌握培训内容与教师能力标准间的关系,更科学地制订培训计划,表11列出了出方案中主要的培训模块与能力标准之间的对应关系。

表11　培训内容与能力标准对应关系

能力标准\对应\培训模块		上岗层级 内容	上岗层级 标准代码	提高层级 内容	提高层级 标准代码	骨干层级 内容	骨干层级 标准代码
教育类	职业道德培训模块	教师职业道德修养	E.1	教师职业道德规范	E.1	教师职业道德与职教法律	E.1
	职业教育学培训模块	现代职业教育概论	E.1	职业教育思想及理论	E.1	专业课程与教材开发	E.1,E.2
	现代教育技术应用培训模块	电子教案和电子课件制作	E.2,E.3	多媒体教育技术使用	E.2	网络课程制作	E.7
	专业教学法培训模块	专业课程教学方法	E.3,E.4,E.5,E.6	专业教学法研讨	E.3,E.4,E.5,E.6	教学研讨	E.3,E.4,E.5,E.6
	职业教育心理学培训模块	职业教育心理学	E.2,E.5,E.6	职业教育心理学	E.2,E.5	职业教育心理学	E.2
		中职学生心理分析	E.2,E.5,E.6	职业技术安全教育	E.5		

续上表

能力标准 对应 培训模块		上岗层级		提高层级		骨干层级	
		内容	标准代码	内容	标准代码	内容	标准代码
专业类	职业发展与劳动组织分析培训模块	行业发展分析	E.1	行业发展分析	E.1	行业发展分析	E.1
		职业岗位分析	E.1	职业岗位分析	E.1	职业岗位分析	E.1
		企业文化	E.1			行业交流与合作	
		质量认证	E.1				
	系列专业"四新"讲座培训模块	通信技术前沿进展	E.2	通信技术前沿进展	E.2	通信技术前沿进展	E.2
	系列专业核心课程（含技能）培训模块	固定电话维修	PA.1	固定电话维修	PA.1.4.1.7 PA.1.4.1.8 PA.1.4.3 PA.1.4.5	固定电话维修	PA.1.4.4 PA.1.4.5.3 PA.1.4.5.4
		移动电话维修	PA.2	移动电话维修	PA.2.4.1.5 PA.2.4.1.7	移动电话维修	PA.2.4.1.3 PA.2.4.2.4
		宽带服务	PB	宽带测试与故障处理	PB.2.2 PB.2.3.2	宽带测试与故障处理	PB.2.2.2 PB.2.3.2.2 PB.2.3.2.3
		通信线路巡检	PC	线路测试与故障处理	PC.1.1.7～10 PC.1.1.2.5 PC.1.1.2.7 PC.1.2.3～4 PC.2.1	通信线路规划与故障处理	PC.1.2.3.2～4 PC.1.2.3.12 PC.1.2.4.2～4 PC.1.2.4.12 PC.2.1.1.9
		交换机维护	PD.1	交换机维护	PD.1.1.3.5 PD.1.1.4.4 PD.1.2.2 PD.1.2.3	交换机维护	PD.1.2.4 PD.1.2.5
		移动通信基站维护	PD.2	移动通信基站维护	PD.2.1.2.4 PD.2.1.2.5 PD.2.2.1.3～5	移动通信基站维护	PD.2.3
		传输系统维护	PD.4	传输系统维护	PD.4.1.2.4～5 PD.4.1.2.11～12 PD.4.1.3 PD.4.2.1.4 PD.4.2.1.9 PD.4.2.2 PD.4.2.3	传输系统维护	PD.4.1.3.1 PD.4.2.1.5 PD.4.2.1.7 PD.4.2.1.10
		通信动力系统维护	PD.3	通信动力系统维护	PD.3.1.1.7 PD.3.1.2.7 PD.3.1.3 PD.3.2.2.3 PD.3.2.2.10～12	通信动力系统维护	PD.3.1.2.8～9 PD.3.1.2.12 PD.3.1.2.14 PD.3.1.2.16

代码解释：

E.W.X.Y.Z——表示对应于课程教学能力标准中的某项；E 表示课程教学能力标准；W 表示能力领域；X 表示能力单元；Y 表示能力要素；Z 表示能力表现指标；

PM.W.X.Y.Z——表示于对应专业实践能力标准中的某项；P 表示专业实践能力；M 从 A 到 D，是专业方向模块代号，A 表示用户终端维修，B 表示宽带服务，C 表示通信线务，D 表示通信机务；W 表示能力领域；X 表示能力单元；Y 表示能力要素；Z 表示能力表现指标。

9 考 核

9.1 上岗层级

受培训教师经培训考核合格后，取得相应学分，颁发通信技术专业教师上岗层级培训合格证书，培训学时及学分记入教师继续教育证。具体考核项目及要求见表12。

表 12　上岗层级培训考核要求

考核代码	考核项目	考核内容	考核要求	考核权重	备注
K11	教育类课程考核	通信技术专业职位岗位分析报告	不少于3000字	5%	具体考核内容要求见培训质量评价体系
K12		职业教育教学考察报告	不少于3000字	10%	
K13		专业教学法教案设计	不少于4学时,最少两种教学方法的教案设计	20%	
K14	专业类课程考核	用户终端维修、ADSL宽带安装、通信线路维护、交换机维护、移动通信系统维护、传输设备维护、通信动力设备维护	完成专业课程中相关技能培训项目后,提交维修报告、巡检报告、故障处理报告等	30%	
K15	专业类企业实训考核	企业实训作品与报告	实训报告不少于3000字	30%	
K16	培训平时考核	培训态度、出勤等	以平时培训表现记录为依据	5%	

9.2　提高层级

受培训教师经培训考核合格后,取得相应学分,颁发通信技术专业教师提高层级培训合格证书,培训学时及学分记入教师继续教育证。具体考核项目及要求见表13。

表 13　提高层级培训考核要求

考核代码	考核项目	考核内容	考核要求	考核权重	备注
K21	教育类课程考核	通信技术专业学生就业调查;通信技术专业学生学习现状调查;通信技术专业教学方法调查;通信技术专业实践教学方法调查等	专业教学调研分析报告,不少于3 000字	5%	具体考核内容要求见培训质量评价体系
K22		专业课程建设规划论证及方案设计	论证报告不少于3 000字,方案设计需完整	20%	
K23		专业课程一体化教学方案设计实践	通信技术专业相关课程理实一体化教学方案设计(设计教案内容不少于8学时)	15%	
K24	专业类课程考核	用户终端维修、ADSL宽带安装、通信线路维护、交换机维护、移动通信系统维护、传输设备维护、通信动力设备维护	完成专业课程中相关技能培训项目后,提交维修报告、巡检报告、故障处理报告等	5%	
K25		企业实训报告	不少于3 000字的实训报告	5%	
K26	专业类企业实训考核	校企合作实训课程的规划与方案策划	企业实训总体规划设计方案(设计至少1个月企业实践的教学方案)	20%	
K27		学生专业行动领域分析实践	结合企业实训,分析专业典型行动领域	15%	
K28	培训平时考核	培训态度、出勤等	以平时培训表现记录为依据	5%	
K29	在职研究考核	教学研究论文或教学方案设计	研究论文不少于3 000字,方案设计需完整	10%	

9.3　骨干层级

受培训教师经培训考核合格后,取得相应学分,颁发通信技术专业教师骨干层级培训合格证书,培训学时及学分记入教师继续教育证。具体考核项目及要求见表14。

表 14　骨干层级培训考核要求

考核代码	考核项目	考核内容	考核要求	考核权重	备注
K31	教育类课程考核	电子行业发展与职业教育关系分析报告	不少于 3 000 字	5%	具体考核内容要求见培训质量评价体系
K32		专业建设规划论证及方案设计	论证报告不少于 5 000 字,方案设计需完整	20%	
K33		专业课程开发方案设计实践	专业课程完整开发方案	15%	
K34	专业类课程考核	用户终端维修、ADSL 宽带安装、通信线路维护、交换机维修、移动通信系统维护、传输设备维护、通信动力设备维护	优化设计方案、故障处理报告等	5%	
K35	专业类企业实训考核	企业实训报告	不少于 3 000 字	5%	
K36		企业实训系统规划与方案策划	企业实训总体规划设计方案	20%	
K37		企业实训组织与评价体系设计	企业实训总体规划设计与评价体系	15%	
K38	培训平时考核	培训态度、出勤等	以平时训练表现记录为依据	5%	
K39	在职研究考核	教学研究论文或教学方案设计	研究论文不少于 10 000 字,方案设计需完整	10%	

10　培训环境要求

1. 教学设备

必须具备多媒体教室、计算机房(人均一台)、网络接口。

2. 实训设备

用户终端维修实训:万用表、普通信号源、工具包(螺丝刀、镊子等)、电烙铁、热风机、直流电源、示波器、编程器、手机综合测试仪、频谱分析仪等。

ADSL 宽带安装实训:网线制作工具、网络测试仪、ADSL Modem 设备、ADSL 线路测试仪等

通信线务实训:线路施工模拟现场及施工工具、机械、线材等,光纤熔接机,OTDR 光纤测试仪等。

通信机务实训:建议基地与通信运营企业建立校企合作的实训中心。有条件的基地可自行建设通信系统全真环境实训机房一套,包括:程控交换机,SDH 节点机,移动通信设备(基站、天馈),机房电源,UPS,机房空调等关键设备。

3. 软件平台

课件开发制作的类软件,如 office 办公软件、photoshop 图片制作软件、flash 动画制作软件等;实训用软件,如单片机程序编写和调试软件,网管软件等。

4. 实训企业

必须有签约的实训企业若干家。

5. 培训师资

自有培训教师必须达到 50% 以上,专业类培训教师须有专业教学法教学经验,并配有专职设备维护人员和管理人员。

6. 生活设施

完善的食宿、交通、通讯等条件。

7. 管理措施

严格实施教学计划,全天进行授课。每期培训班级配备两名专职的班主任负责学员生活、

医疗、安全和考勤。定期召开培训总结会，学员和授课教师共同参加，根据学员学习情况进行针对性调整。利用课余组织学员联谊，增进学员以及学员与教师、班主任间的相互了解，营造良好的培训氛围。

附件 国外职教模式简介

目前国际上比较有影响的职业教育和职业培训模式，主要有德国双元制、美国 CBE 模式、国际劳工组织的 MES 培养模式、日本的单元制教学模式。

1. 德国"双元制"模式

德国的"双元制"职教特色十分明显，首先是国家（联邦）一级立法的法律保障，其次是学生接受培训前就获得的"培训岗位"。德国的职教是"先有职业后有培训"，其学习过程是真正意义上的"职业教育"。其次，德国"双元制"中的一元是指职业学校，其主要职能是传授与职业有关的专业知识，另一元是企业或公共事业单位等校外实训场所，其主要职能是让学生在企业里接受职业技能方面的专业培训。"双元制"最具特色的部分是实践教学内容在企业完成，学校和企业的培训共同完成理论知识的传授，而且直接从工作环境和过程中获得实际职业经验及职业工作必须的所有技能，无需再接受任何形式、任何内容的培训即可参加工作，受训学员没有从学生到工人的角色转变，没有从学校到工厂的场景转换，知识和技能也没有转换的过程，学习和工作实现了无缝连接，是一种非常有效和高效的教育制度。

2. 美国、加拿大为代表的 CBE 模式

CBE(Competency Based Education)意为以能力培养为基础的教育。CBE 教育模式最初由德国人发明，后来美国人进行了修改完善和提高。近年来，这种教学模式在美国、加拿大、英国、澳大利亚等西方国家，尤其是在北美较为流行。

CBE 教学模式是与传统教学模式截然不同的、崭新的教学模式。它不是对传统教学模式的修修补补，而是根本性的变革，是一种全新的教育方法，也是一种全新的教育思想。

CBE 教学模式强调的是职业岗位所需能力的确定、学习和运用，是以职业岗位所需技能和能力作为一切教育活动的出发点和核心，并围绕这些能力制订教学计划，开发课程，实施管理，指导学生学习和考核。它强调的职业岗位能力，是一种综合能力。CBE 一般可分为五大组成部分：(1)市场调查与分析；(2)能力图表的确定；(3)学习包的开发；(4)教学的实施；(5)教学的管理。

CBE 教学的基本原理是：学生本身没有优劣之分，只要给予高水平的指导和充分的时间，都可熟练地掌握所学内容；学生学习成绩的差异不在学生本身，而是由于学习环境不同，只要有适合学生学习的条件，大多数学生的学习能力、进度、动力等方面都会很相似；不是以老师"教"为主，而是更重视学生的"学"；在教学过程中，最重要的是学生接受指导的方式、方法和指导的质量。

3. 国际劳工组织的 MES 培养模式

MES(Modules of Employable Skill)就业技能模块组合或译为模块培训法等。它是国际劳工组织于 20 世纪 70 年代末、80 年代初在借鉴德国、瑞典等国的"阶段式培训课程模式"以及英、美、加等国的"模块培训"等经验的基础上，运用系统论、信息论和控制论开发出来的职业技术培训模式，旨在帮助世界各国特别是发展中国家改变在技术工人培训上效率低下的状况。

MES 以为每一个具体职业或岗位建立岗位工作描述表的方式，确定出该职业或岗位应该具备的全部职能，再把这些职能划分成各个不同的工作任务，以每项工作任务作为一个模块。

该职业或岗位应完成的全部工作就由若干模块组合而成,根据每个模块实际需要,确定出完成该模块工作所需的全部知识和技能,每个单项的知识和技能称为一个"学元"。由此得出该职业或岗位 MES 培训的、用模块和学习单元表示的培训大纲和培训内容。

MES 培养模式具有如下特点:(1)MES 缩短了培训与就业的距离,使培训更加贴近生产、贴近实际,突破了传统的以学科为系统的培训模式,建立起了以职业岗位需求为体系的培训新模式。(2)MES 有助于提高学习效率,有利于学生在学习动机最强烈的时候,选修最感兴趣和最为需要的内容学习。(3)有利于保持学习热情,MES 中的每个模块都比较短小,又有明确的目标,所以,有助于学生看到成功的希望,并在较短的时间内为获得成功而满怀热情地奋斗。(4)MES 具有开放性和适应性,它可以通过增删模块或单元来摒弃陈旧的内容和增添新的内容,从而保证了培训内容总体上的时代性和先进性。(5)MES 具有评估反馈系统,对社会生产和经济的发展有快速反应的能力。

4. 日本的单元制教学模式

所谓"单元"就是指对某种职业进行分析、归类而得到的一项"综合技能组"。每项综合技能组(也就是单元作业),都有各自的训练计划,都是社会通用的技术项目,而不是把教学计划分成若干单元,也不是纯单项训练。单元作业确定之后,就可以制定每项单元作业的训练内容,安排具体的训练课题。不论学习哪个单元,只要掌握了技能,就业就有了保证。学会的单元越多,就业的选择余地就越大。

单元制的特点:(1)单元制的指导思想有两点,第一是从集中训练转向个别训练,第二是从重视过程转向重视结果。(2)学生入学后要与教师商量,选择适合自己能力的课程,由教师制定个别训练计划。训练进度可以调整,只要达到培训目标即可。根据训练要求,将单元作业再分成若干部分(独立综合技能),每部分的训练课题一般不超过 10 项。每个训练课题完成后,学生都要进行自我鉴定;一项合格了,就可以进入下一项,最后由教师考核。如不合格,就要接受指导,重新学习被认为不合格的内容。另外,还要将若干部分综合起来,让学生进行操作练习,然后就可以参加单元作业的最后技能考试。考试合格了,方可进入下一单元学习。(3)采取单元作业方式进行训练时,进度可根据每个学员的情况自由调整。(4)教师(指导员)的作用,一是对学生的个别训练进行指导,帮助学生树立正确的学习目的,掌握学生的训练进度,对进度慢的学生进行重点指导;二是对学生进行职业指导;起到职业顾问的作用;三是研究并开发教学软件。

各国的职教、职业培训模式在基本理念和方法上有相似性,如以职业活动过程为导向、强调学生的主体作用、发挥学生主动性、模块化培训方式等等,在具体的操作方式上,则都有与其国内现状相适应的特色。所以无论多先进的职教模式,均不能完全适合中国的职业教育现状。

目前我国的职业教育还不是真正意义上的职业教育,仍然是一种"准备教育",即假设受训的学员将来可能从事哪些岗位工作,可能会用到什么知识和技能,离真实的职业岗位情境还有一定距离。特别是在当前国内企业参与职教培训程度不够,而职教培训需求如此庞大,各地经济发展水平差异明显的情况下,强烈建议各基地因地制宜、因人制宜地开展师资培训工作。

中等职业学校通信技术专业
教师培训质量评价指标体系

主　　编:曾　翎(电子科技大学)

主研人员:朱永金(四川职业技术学院)

杨忠孝(电子科技大学)

段景山(电子科技大学)

代玉龙(四川职业技术学院)

周道金(四川职业技术学院)

本培训质量评价指标体系是按照《教育部财政部关于实施中等职业学校教师素质提高计划的意见》(教职成[2006]13号)文件精神,参照教育部"中等职业学校专业教师培训质量评价指标体系"指导框架制定的,是通信技术专业教师通过培训后,对培训效果和培训质量进行综合评价的指标体系。

评价体系以培训方案、培训条件、培训管理和培训效果为一级指标,从这四个方面对培训进行评价,是一个以培训质量为中心的综合性评价体系。

1 制定评价体系的目的和意义

要将中等职业学校教师素质提高计划落到实处，除了实施教师培训的培训基地高度重视培训工作，根据专业教师能力标准，参考本专业的教师培训方案，制定出切实可行的培训计划，将培训工作的各个环节落到实处，严格组织、管理，要求培训学员积极、主动、自觉、认真地投入到学习中去外，为了规范、科学、合理的掌控和评估培训质量，还必须对培训工作的方方面面进行检查、监督、控制和评估考核。

如何对培训效果进行监控和评价，目前还没有一套科学、合理的评价体系来检验衡量培训的质量和效果。当下，普遍存在只重视培训执行过程，不重视培训质量的过程控制和质量检验的现象。对培训质量评价或评估重视不够，将导致培训经验不能及时总结、培训反馈渠道不畅通、培训问题不能及时发现和解决、培训方案得不到及时修订完善、培训质量就难以保证，最终导致培训工作难以持续发展。因此，构建一套衡量中职教师培训质量和效果的评价体系已成当务之急。只有将评价作为培训工作的一个重要组成部分，作为培训工作的必不可少的环节和反馈渠道，才能使培训工作体系更加完善，使培训质量更加有效、更加有保障。

中职教师培训有别于其他各级各类教育培训，她的目标性和针对性都是很强的，她是针对中职学校不同层级的专业教师的专业技能和教学技能两个大的方面进行达标的培训，通过培训使教师的专业知识和专业技能有所提高，特别是专业技能在企业和生产实际中的应用能力有所提高；而且对这些专业技能如何传递给中职学生，在教学中如何使教学活动更加有效和高效，即在职业教学方法上要有所提高并达到标准要求。所以，中职教师培训的质量如何，首先应考量中职教师经过培训之后在职业教育理论、专业知识与专业技能、企业实践以及教师任教能力等方面的改善与提高程度；同时，受训教师回到中职学校后教学水平的提高状况，培训成果对中职学校师资培训需求的满足程度及其变化情况等等，也是质量评价的重要方面。

师资培训质量的评价不仅仅是教师完成培训后参加的考核，包括培训工作准备情况、培训执行过程和培训之后成果的延续情况；参与评价的成员包括培训机构、送培学校、实施培训单位的教学专家、教师和管理人员等，具有综合性、系统性。

评价的目的是帮助培训基地和培训单位完善培训方案，创建良好培训条件，提高培训管理水平，使培训效果更加突出。通过评价进一步总结经验，找出培训中存在的不足，提高培训工作的针对性和有效性，对促进和提高培训质量具有现实意义和实践指导意义。

2 评价体系的构成

教师培训质量评价不仅是包含培训效果层面，还包括取得这种效果的具体培训过程的质量，是指根据中职师资的专业能力标准，结合中职学校教师的实际情况所确立的教师培训过程中各个环节所应达到的各种目标要求，包括中职教师从师能力状况与知识和技能的改善程度、培训计划的制定与执行情况、培训人员的选调与配置情况等。

通信技术专业教师培训质量评价体系的开发首先是以"中等职业学校通信技术专业教师教学能力标准"为基础，并且在新的需求调研基础上，根据培训需求确定出培训方案，并为实现培训方案构建相关的管理、教学等软、硬件培训条件，为了更好地检验培训效果而制定培训评价体系。评价体系构成结构关系如图 6 所示。

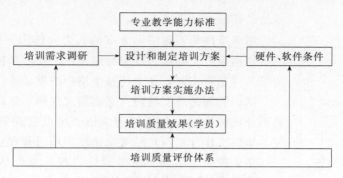

图 6　评价体系构成结构关系图

从评价体系结构关系图可以看出,中等职业学校专业教师培训质量评价是针对每次专业教师培训项目的培训质量进行的评价,它根据中职教师教学能力标准的要求,在调研社会生产实际要求和中职教学的最新需求的基础上,修订出新的培训教学方案,制定出培训所需要的教学和培训实施方案,学员通过培训,达到所制定的培训目标要求,并且使受训教师在实际的教学工作中,在专业能力上,在职业教学方法上有显著提高。所以,评价体系它不仅对培训机构进行评价,而且对培训内容、培训方法、培训师资、培训条件、培训管理、培训效果和培训学员进行综合的评价。

所以,评价体系是一个以培训学员为中心,以培训质量为核心,以培训所必需的软、硬件支持条件为基础,以培训管理为手段,以培训方法为途径,以培训学员的培训效果为目标对象的综合性评价体系。

评价也要求运用有效的技术手段和方法,通过系统、全面地搜集培训信息,在对信息进行科学分析和处理的基础上,对培训目标、培训过程、培训效果进行监控,并及时反馈与调节,从而使培训全过程中培训管理与培训教师能和培训学员间不断地交流信息、不断地改进培训方法、不断地完善培训过程,使培训工作更好地为学员服务,提高整体培训质量。

3　评价体系的内容

从培训过程来看,培训方案的制订、培训条件的创建、培训内容的实施,对培训效果将产生影响,学习者的主观学习态度也将对培训效果产生影响,所以培训方案要结合生产实际、要结合中等职业学校教学实际,也要听取或征求培训学员的意见和建议。

指标体系由四个一级指标组成,包括培训方案、培训条件、培训管理、培训效果。在一级指标下再细分多个二级指标。在此基础上给出重点评价内容、评价标准和评价方法。评价体系结构见表 15 所示。

表 15　评价指标体系结构表

一级指标	二级指标	重点评价内容	评价标准		评价方法	评价等级	权重	得分
			A	C				
四个	视需求而定							

培训效果是通过培训的各个环节来加以实现的,通过各个环节的质量监控来得以保证的,评价是质量保证环节,也是培训的质量反馈渠道,反作用于培训的各个环节,如图 7 所示。

培训方案是实施培训工作的纲领性文件,是培训工作开展的前期准备工作,是培训质量保

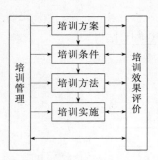

图 7　培训各环节评价与反馈

障的最基础性工作。

培训条件是实施培训方案的人力和物力保障，从师资力量，学员住宿条件，办学条件中特别是校内实习条件和校外生产企业实习条件是否完善，是支持整个培训的重要条件。

培训管理是落实培训方案的制度保障，培训任务目标的实现离不开良好管理，包括管理队伍、培训管理制度、培训质量监控、培训工作计划与总结等反映培训项目管理质量的内容。

培训效果是培训质量的最终表现，是否达到预期的培训效果，通过考核、学员综合职业能力的作业或作品、学员自我评价、学员满意度、选送单位满意度等指标反映出来。

培训评价将是对培训整个过程的一次反思，是对培训工作经验进行总结，是培训工作质量保障过程的一次升华。

4　评价的参与者和操作方法

在本评价体系中常用的评价方式有文献查阅法、调查法、问卷法、访谈法等。从培训管理方面，要求在培训过程中收集各个阶段、各个环节的相关评价信息，以取得不同工作阶段、各种类型、客观真实的评价数据，这些评价数据主要包括培训相关文档材料、各种评价量表、访谈调查记录、学员的考核成绩、学员的有形培训成果（学员实践作品等）、相关反馈意见、学员填写相关评价表等，在培训过程中建立相关培训档案，形成评价原始资料。

1. 评价方法

（1）专家打分法评价

专家在调查研究（座谈、访谈）的基础上，根据培训目标和培训效果进行评价并量化打分，可以采取各个专家独立打分后，加权处理得出某一培训项目或某些培训项目的评价分值，也可集体讨论评价打分。

（2）调查表评分法

评价指标体系设计了相关培训效果评价表，调查表对所调查培训内容进行评价打分，首先进行分指标项评分，然后加权计算出各项分值，最后算出项目总分值。

（3）现场评分法

一些培训内容（如讲课、说课、通信设备实际操作等），可根据评分标准进行现场评分。

（4）作品、成果评分法

对于通信技术专业教师的培训，通信设备维修项目、论文等可根据标准进行实物效果评分。具体参见相关评分标准。

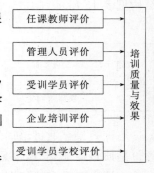

图 8　全员效果评价

2. 全员参与评价

在评价体系中全体参与培训活动人员都参与到培训质量评价中，除了直接参与培训活动的学员、教师和培训机构管理人员外，培训学员的所在单位、相关用人企业等，都要参与培训质量的评价工作。培训质量评价的主要参与者如图 8 所示，这是一种全员参与的评价体系。

教师和管理人员评价学员学习效果；学员评价办学条件、评价管理、评价教师教学情况，也对自己学习情况进行自评；学员选送单位评价学员培训后工作能力提高情况等。中职教师培训的重要实践环节之一是企业实践学习,所以培训质量和效果也要融入企业评价;培训的最终效果反映是送培教师学校,受训学员学校(领导、同事、学生)对培训效果的评价同样是培训工作的重要反馈环节。

5 评分方法

上岗层级培训、提高层级培训和骨干层级培训均采用同一评价体系。评价指标体系中列出了供参考的重点评价内容,评价标准和评价方法,在给出评分等级的基础上,通过与权重计算得出评价分数,评分方法说明如下:

(1)每个指标的评价等级按照优劣顺序分 A、B、C、D 四个级别,评价标准只列出 A、C 两个等级的标准,介于 A、C 之间的为 B 级,低于 C 级的为 D 等级。

(2)评价等级 A 为 5 分,B 为 4 分,C 为 3 分,D 为 2 分。

(3)评价指标权重根据评价指标对培训质量影响的重要程度确定,权重与评价等级的分数相乘即为各个指标的评价得分。

(4)评价结果分为优秀(85 分及以上)、良好(75~84 分)、合格(60~74 分)、不合格(小于60 分)四个等级。

(5)本评价指标体系得分可与其他已有的质量评价系统结合使用。如可利用“专业骨干教师国家级培训网络评价系统”,建议评价指标体系得分与网络评价系统得分按照一定比例,如3:7 的权重比例计算评价总得分。

6 通信技术专业培训质量评价指标体系及权重一览表

通信技术专业培训质量评价指标体系及权重一览表见表16。

表 16 通信技术专业培训质量评价指标体系及权重一览表

一级指标	二级指标	重点评价内容	评价标准 A	评价标准 C	评价方法	评价等级	权重	得分
培训方案	培训需求调研	通信技术专业中职学校的需求调研;通信技术专业中职教师需求调研;通信企业对员工能力需求调研	调研数量;调研报告;调研分析确定出需求培训项目	有对培训学员进行调研和征求意见	查阅调研资料和调研分析;抽样调查需求项目的准确度		0.6	
	培训目标定位准确性	针对通信技术专业上岗、提高或骨干三个不同层级的中职教师进行培训的培训方案的定位分析;培训需求与中职通信技术专业教师能力标准确定培训目标	三个层级教师培训目标定位准确;征求职教专家和中职学校、学员意见	有与培训学员座谈,征求建议和意见。	检查方案论证和目标定位;检查征求意见记录或座谈会记录		0.6	

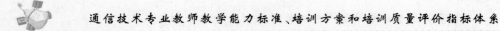

续上表

一级指标	二级指标	重点评价内容	评价标准		评价方法	评价等级	权重	得分
			A	C				
培训方案	培训内容的确定	针对通信技术专业不同层级的专业技能培训内容	技能培训内容与调研需求、能力标准、培训目标关系定位准确；征求中职学校、企业、职教专家意见	有对培训内容征求学员意见并采用	检查培训方案；检查研讨记录；检查征求意见记录，座谈会记录		0.8	
		针对通信技术专业三个层级的教学方法培训内容	教学能力培训方案；征求专家意见	有对培训内容征求中职学校、学员意见并采用	检查培训方案；检查研讨记录；检查征求意见记录，座谈会记录		0.8	
	与教师专业能力标准关系	培训内容与中职通信技术专业教师对应层级在专业能力标准之间的关系分析	论证和征求中职学校意见；在专业技能方面针对能力标准哪些项目进行培训	有与培训学员座谈，技能培训目标	查阅征求意见记录；座谈会记录；分析论证报告		0.8	
		培训内容与中职通信技术专业教师对应层级在教学能力标准之间的关系分析	论证和征求中职学校意见，在教学能力方面针对能力标准哪些项目进行培训	有与培训学员座谈，教学能力培训目标	查阅征求意见记录；座谈会记录；分析论证报告		0.8	
	培训模式和方法的先进性、实用性	通信技术专业培训方案中的所采用培训模式	培训模式征求企业、专家和中职学校意见；培训模式对中职教学的指导作用	有与培训学员座谈，征求建议和意见	查阅征求意见记录或座谈会记录；培训模式效果分析		0.4	
培训条件	培训内容与培训目标的吻合度	通信技术专业培训内容与培训目标关系论证	培训内容与能力标准培训目标求对应关系论证；征求专家和培训学校、学员意见	有与培训学员座谈，征求建议和意见	查阅方案论证和征求意见记录或座谈会记录		0.6	
	考核内容与方法的科学性	通信技术专业技能考核内容与考核方法；通信技术专业教学能力考核内容与考核方法；通信技术专业考核结果分析	专业技能考核方式与考核内容的合理性和科学性分析；教学能力考核内容与方法有助于学员研习教学方法与提高教学能力；征求学员意见	有对专业技能考核方法征求学员的意见；对专业教学方法考核征求学员的建议	查阅方案论证、考核结果分析和征求意见记录或座谈会记录		0.6	
	校内教学设施和实习、实训条件	通信技术专业培训校内硬件资源	校内多媒体教室、实训室、培训用通信设备、工具和测试仪器的种类、数量、适用性和先进性	校内多媒体教室、实训室、培训用通信设备、工具和测试仪器的种类、数量基本能满足培训需要	检查硬件设施、测试仪器和实训设备；检查硬件设施、测试仪器和实训设备使用记录		0.6	
	校外实习实训基地	通信技术专业校外培训基地、企业合作办学协议	校外培训基地协议；所选择通信企业与培训内容的关联度高；所选通信企业实训项目落实效果好	本次培训所选通信企业基本满足培训内容需要	查阅校外培训基地协议，企业培训项目落实，与培训内容关联论证报告；查阅校外实训记录		0.6	
	其他教学资源	图书资料，信息资源，网络资源	图书资料，信息资源，网络资源	培训用到图书、网络资源	审查相关资源信息		0.4	

续上表

一级指标	二级指标	重点评价内容	评价标准 A	评价标准 C	评价方法	评价等级	权重	得分
培训条件	师资素质与构成	通信技术专业培训专职教师库；通信技术专业培训兼职教师库	有专业教师库；兼职教师库	有担任本期教学工作专兼职教师情况	查阅教师资源信息库；本期任课教师登记表		0.8	
		通信技术专业培训教师的教学经历、教学方法和态度	专业教师有企业实践经历；教学方法与教学内容配合得当，教学态度好，教学效果好	教学内容饱和，接受学员建议，及时改进教学，关心尊重学员，严格要求学员	学员座谈；问卷调查。		0.6	
	生活保障及服务设施	培训住宿条件，生活服务设施，安全卫生服务设施	寝室设施齐备；生活用服务设施齐备；安全卫生服务设施配备良好	配备住宿、生活服务及安全卫生服务基本设施	检查生活服务配备条件报告；学员评价住宿、生活服务及安全卫生服务(问卷调查)		0.6	
培训管理	组织机构	建立培训组织领导管理机构	组织管理机构、领导成员及分工相关文件，责任分工明确	组织管理机构、领导成员及分工相关名册	查阅文件，抽样调查		0.6	
	管理队伍专业化程度	具有电类(或相近)专业本科及以上文化程度，培训管理人员职业资格和从事管理工作情况	具有相关学历、相应资格和从事两年以上学校管理工作	具有相关统计表	学历、经历、职业资格证		0.4	
	培训管理制度与落实	培训管理制度；培训教学管理制度；教师管理制度；实验实训设备管理制度；校外实训管理制度；培训考核管理制度；学员管理制度等管理文件与落实培训制度措施	管理文件齐备，制定培训管理制度合理，责任落实到人	有管理文件和培训管理制度，有方案	查阅相关规章制度和文件资料；学员座谈		0.6	
	培训档案管理	培训档案的建档、保存和管理	历届培训管理档案、教学档案、人事档案及档案管理制度齐全	有培训档案、教学档案、人事档案	审查档案资料		0.4	
	培训方案执行情况	培训教学执行方案	培训方案运行表、落实到每个学时，培训方案执行好	有培训方案和基本按培训方案开展培训	查阅培训方案，培训过程性材料和资料		0.6	
	培训质量监控	通信技术专业培训目标在培训课程中分解落实情况；培训任务落实情况；教学环节监控措施，培训课程目标考核评价方法案	质量监控管理队伍，考核评价教学质量方法	有人员负责该项工作	查阅资料，学生座谈		0.6	
	培训工作计划与总结	通信技术专业培训工作计划；教学进程安排表；培训工作总结	培训工作计划，教学进程安排表，培训工作总结齐全	有教学进程表，有总结	查阅计划、总结等材料		0.6	

续上表

一级指标	二级指标	重点评价内容	评价标准 A	评价标准 C	评价方法	评价等级	权重	得分
培训管理	培训反馈制度	建立培训效果长期反馈制度,培训学员反馈渠道和培训学员所在学校反馈渠道,有专人负责反馈信息收集与处理	有长期反馈制度和反馈渠道,有反馈信息收集和处理材料	有长期反馈制度和反馈渠道	查阅制度和信息反馈资料;学员座谈。		0.6	
培训效果	教学效果培训目标的达成度	通信技术专业理论与实践考核评价方案;通信技术专业理论、实践教学考核内容与培训目标的一致性分析	理论教学考核内容、实践教学考核内容与培训目标对应绝大部分吻合	理论教学考核内容、实践教学考核内容与培训目标部分吻合	查阅培训内容、考核内容设计与分析;培训总结,学员座谈		0.6	
	考核成绩合格率与分布情况	通信技术专业理论考试与实践教学考核成绩分析表	考核成绩正态分布	有一定偏差	查阅学员成绩册和考核成绩分析表		0.4	
	反映学员综合专业能力的作业或作品	通信技术专业培训中专业作业;通信终端维修记录;通信系统维护记录等	培训中通信终端维修、通信系统维护记录齐全	有培训中通信终端维修、通信系统维护记录	学员作业、维护、维修记录等		0.8	
	学员教学综合素质提高情况	通信技术专业学员备课稿或教案;讲课课件;说课课件;课程设计、教研论文等	学员备课、讲课、说课在理论上,方法上,技能上有显著提高;学员每人有教研小论文	学员备课、讲课、说课在理论上,方法上,技能上有一定提高;有教研小论文	学员备课、讲课、说课材料抽样调查,学员座谈,教研小论文		0.8	
	培训学员取证率	学员考证情况报名情况统计;学员考证统计	学员获得专业相关职业证书达80%以上	学员获得专业相关职业证书达60%以上	学员考证统计;学员座谈		0.4	
	企业对培训效果评价	通信企业对培训内容、培训方法和培训效果评价	80%以上评价效果好	80%以上评价基本达到培训要求	抽样调查;评价表		0.4	
	学员自我评价	通信技术专业学员对培训内容、培训方法和培训效果评价	80%以上评价效果好	80%以上评价基本达到培训要求	查阅自评表;自评总结		0.4	
	培训管理人员对培训效果评价	管理人员对学员学习态度、培训内容、培训方法和培训效果评价	80%以上评价效果好	80%以上评价基本达到培训要求	查阅评价表或总结		0.4	
	学员满意度	通信技术专业学员对培训方案、师资力量、教学过程、教学效果等满意度	学员满意在80%以上	60%~70%学员满意	学员座谈;查阅问卷调查		0.6	
	选送单位满意度	选送单位反馈意见	80%以上单位满意	60%~70%以上单位满意	抽样选送单位调查问卷		0.6	
	培训创新	培训模式、培训手段、教学方法的探索(培训总结)	探索新的培训模式或培训手段或教育教学方法	运用目前主流培训模式、培训手段与方法	查阅教学总结;学员座谈		0.6	
评价结果	总分(A+B)		网络评价得分×70%(A)		本次培训评价得分×30%(B)		本次培训评价得分	

68

7 调查表及评价表(参考用表)

为了便于师资培训机构具体实施评价,以下提供一组参考调查表和评价表(见表17~表31)。在实际评价操作中,可根据需要选用调查表和评价表,或对相应调查表和评价表修改后使用。调查表和评价表为评价体系评分提供参考依据,也为培训质量分析提供丰富的反馈信息。

表17 中等职业学校通信技术专业教师培训需求调查问卷

尊敬的_____老师:您好!

首先非常感谢您在百忙之中完成这份调查问卷。为了适应中等职业学校专业教师专业技术发展和教学工作的需要,为增强专业教师培训的目的性和针对性,我们设计了中等职业学校《通信技术专业教师培训需求调查问卷》,请您根据贵校的实际情况填写。此次问卷目的是了解中职学校教师提高培训的需求情况,问卷不记名,数据仅作为培训工作研究的依据,不做他用。感谢您的支持与合作!

(1)教师培训情况

您校通信技术专业教师培训情况:

学校共有通信技术专业教师(人)	通信技术专业教师30岁以下(人)	通信技术专业教师30~40岁(人)	通信技术专业教师40~50岁(人)	通信技术专业教师参加上岗培训(人)	通信技术专业教师参加省级骨干培训(人)	通信技术专业教师参加国家级骨干培训(人)	通信技术专业教师参加其他培训(人)

(2)培训需求

您认为骨干教师培训应该注重哪些方面的培训和提高(多选,可增添,建议以1、2、3、…对表中内容排序,重要的排在前)?

通信技术专业新知识	通信技术专业新技术	职业教育教学新方法	现代教育技术应用	通信企业生产实践技能	企业生产管理和生产环保与劳动保护	教学设计、教学组织及教学实施	多媒体、信息网络应用技术	教学方法和教学创新	专业课程开发	职业教育教学研究与论文撰写	其他

(3)培训方法

您对下列哪些培训方法感兴趣(多选,可增添,建议以1、2、3、…对表中内容排序,重要的排在前)?

专业新知识专题讲座	职业教育教学方法专题讲座	教育教学法规及职业教育专题讲座	专题调查研究和团队研讨	企业参观和生产实践	专业技能实作训练	中职学校教学观摩与实践	学员教学实践交流与评价	学员教学经验交流	学员学习心得体会交流	教学方法研究和论文交流	网络论坛交流	其他

(4)培训时间

您觉得一期培训时间多长为宜(单选,可增添)?

1个星期	2个星期	1个月	2个月	3个月

表18 通信技术专业教师（上岗、提高、骨干层级）培训学员入学前与学习后调查表

姓名：_____ 性别：_____ 工作单位：_____ 参加工作时间：_____

类别	调查项目	调查内容	对调查内容了解情况			
			十分清楚	清楚	一般	不知道
教育类	职业道德	对国家职业教育政策文件、中职教师职业道德规范、职业教育法等				
	职业教育学	对职业教育基本教学规律				
	现代教育技术应用	对教学媒体的应用（场地、多媒体设备、实验设备、教学软件等）				
	专业教学法	对本专业常用的职业教学方法				
	职业教育心理学	对职业教育心理学基础、中职学生心理情况分析等				
专业类	职业发展与劳动组织分析	对通信技术行业发展前景及技能型人才岗位群分析				
	专业发展	对国内外通信前沿技术动态、通信技术新理论、新知识、新技术				
	专业技术	对通信用户终端产品新应用、产品生产新技术、通信系统新架构、新设备、系统网管新技术				
企业实践培训	企业实践应知内容	对ISO9000基础知识企业管理制度、企业生产环保及劳动保护调研等				
	企业实践	对通信终端产品维修				
		对通信设备安装，工程建设				
		对通信系统维护				

注：入学前和学习后用同一个调查表进行调查，比较学习前后对调查内容的了解情况变化，对比分析学习效果。

表19 通信技术专业教师（上岗、提高、骨干层级）培训质量综合评价表

评价内容		评价指标	评价等次			
			满意	较满意	一般	不满意
培训方案	1	对培训目标定位准确性的评价				
	2	对新知识培训内容安排的评价				
	3	对培训新技能培训内容的评价				
	4	对企业培训内容的评价				
	5	对培训模式和方法的评价				
	6	对培训活动安排（包括考察、文体活动）的评价				
	7	对培训成绩评定方式的评价				
培训条件	8	对师资队伍整体评价				
	9	对任课教师教学情况整体评价				
	10	对培训班所用教材和参考资料、讲义质量的评价				
	11	对教学设施满足培训需要程度的评价				
	12	对培训班生活条件与安排（包括食宿）的评价				
	13	对实习实训条件满足培训需要程度的评价				
培训管理	14	对培训班教学组织、管理的评价				
	15	对培训质量监控的评价				
	16	对培训过程中信息沟通、反馈的评价				
培训效果	17	对达到培训目标程度的评价				
	18	对培训特色的评价				
	19	对培训提高工作能力和促进工作的评价				
	20	对培训班教师教学水平、教学效果的评价				
	21	对培训班的总体满意度				

注：此表由培训学员填写。

表20 培训机构自评表

一级指标	二级指标	分值	评估内容	自评分	达标/不达标
组织领导（20分）	领导责任明确	5分	有健全的负责培训工作的管理领导班子		
			认真贯彻落实中等职业学校专业教师继续教育的法律、法规和政策，明确中职教师培训机构的性质、任务，落实中职教师培训的各项工作		
			领导责任明确，积极组织协调相关部门，整合校内资源，建立有效的协调机制，完成中职教师培训的各项任务		
	目标措施落实	6分	根据政府、教育行政部门对中职教师的培训要求和发展规划，制定培训基地的培训规划和相应的配套措施		
			建立和完善了中职教师继续教育管理制度，制度落实方案		
			有关于教师培训机构建设与发展的专题办公会议制度并付诸实施，对教师培训机构的建设水平和办学质量有经常性的督导、检查、评估、奖励		
	经费投入	10分	按要求对培训经费进行预算		
			培训经费用于完善教学设施设备外，其中70%用于培训机构开展培训工作		
			除培训经费外，学校对中职教师培训有专项资金用于基地建设		
办学条件（17分）	校园环境	6分	有独立、完整的校园，布局合理，无危房，有教学科研实验基地学校		
			有专用培训办公用房、教学用房与辅助用房等		
			有适于培训需要的活动场所		
	教学设备	6分	有基于满足培训需要的计算机和计算机网络教室		
			有图书馆、多媒体教学设施和远程教育系统		
			有专业实验设备、实验室和实训室		
师资队伍（30分）	队伍数量结构	30分	有一支高水平的中职培训专业教学教师队伍		
			有一支学历高，有职业教学实践经验和企业生产实践经验的兼职教师队伍		
			有一支素质高、能力强的中职教师培训管理队伍		
培训管理（11分）	管理体系	5分	建有由各级学校构成的，畅通有效的教师培训网络		
			实行校长（或学院院长）负责制，各工作岗位均实行目标责任制		
			规章制度健全，责任落实		
			各类档案规范齐全，并逐步实行计算机管理		
	管理过程	6分	建立有效的教学、培训过程监控机制，各类教学、培训活动规范		
			按有关规定对受训者实施继续教育登记制度		
			对各级学校师训网络的运行有考核评估，对各级师训网络负责人有工作检查、评比		
			培训机构的领导经常深入基层学校调研，并即时采取措施，解决问题		
培训效果（22分）	培训任务完成情况	15分	按计划完成教育部门下达的培训任务（培训内容和培训人数）		
			上岗教师培训、提高培训、骨干教师培训等，培训任务完成好		
			培训合格率高		
	教育科研	4分	培训机构对培训效果进行总结		
			培训机构对中职教师培训进行分析和研究		
	办学特色和社会声誉	3分	培训特色和社会声誉		

表21　对培训任课教师的评分表

类别	项目	分值	优秀(100>x≥90) 参考标准	良好(90>x≥75) 参考标准	合格(75>x≥60) 参考标准	不及格(x<60) 参考标准	评分
课堂教学	教学态度	20分	教态大方、仪表整洁；教学内容熟练；对教学有热情、教学组织严谨；作业设计科学、适量、批改认真，课后辅导效果好；关心学生	教态大方、仪表整洁；备课比较认真、教学内容熟练；对教学比较有热情、教学组织严谨；作业设计科学、适量、批改认真，教学效果好	教态比较大方、仪表基本得体；备课比较认真、教学内容基本熟练；对教学有一定热情、教学组织较好；作业批改认真，教学效果一般	仪表不整，举止不文明；备课不认真，教学内容不熟悉，教学组织差；作业批改不认真，课后不进行辅导	
	教学内容	30分	对培训教材驾轻就熟；突出重点、突破难点，详略得当；紧密联系实际，举例典型恰当；讲解清晰透彻	对培训教材比较熟练；突出重点、突破难点，详略得当；能联系实际，举例典型恰当；讲解比较清晰透彻	对培训教材基本熟悉；观点正确，重点、难点讲解基本到位；举例比较典型	对培训教材不熟悉；重点、难点把握不准确，观点不准确，讲解模糊。脱离实际，举例不充分	
	教学方法	20分	能结合教学内容选择合适的职业教育教学方法；应用合适的媒体辅助教学；教学过程完整、条理清楚；用普通话教学	教学方法比较切合教学内容；能应用媒体辅助教学；教学过程完整、条理清楚；用普通话教学	教法基本切合需要；能应用媒体辅助教学；教学过程基本完整、有条理；用普通话教学	教法单调乏味；不能正确应用媒体辅助教学；教学过程混乱；普通话不标准	
	教学效果	30分	教学生动、形象、有吸引力；学员很好地掌握所学知识；注重培养学员的学习能力、思维能力、创新能力；学员的满意度高	教学较生动、形象、有一定吸引力；学员较好地掌握所学知识；对学员的学习能力、思维能力和创新能力有一定影响；学员的较满意	学员基本能掌握所学知识；学员的学习能力、思维能力、创新能力有所提高；学员的满意度一般	学员不能掌握所学知识；学员的自学能力、思维能力、创新能力没有提高；学员对教学不满意	
实践教学	实践态度	10分	对实践教学有热情，言传身教；对实践教学组织严密、纪律好，不随意离开实践场所；关心学员	对实践教学有热情，言传身教；对实践教学组织比较严密、纪律较好，不随意离开实践场所；较关心学员	对实践教学比较有热情，言传身教；能基本组织好实践教学	对实践教学不能言传身教；对实践教学组织差	
	实践内容	30分	与理论教学紧密结合，涉及本专业主要技术、技能，实践内容根据行业发展及时更新	与理论教学相结合，涉及本专业主要技术、技能，实践内容根据行业发展有更新	与理论教学基本结合，涉及本专业主要技术、技能	与理论教学结合不好，未能反映本专业主要技术、技能	
	实践方法	20分	能亲手演示和指导学员实验、实习，操作规范；能调动学员参与实践的积极性，掌握实践技能；能及时解决学员在实践中存在的问题	能亲手演示和指导学员实验、实习，操作规范；能较好的调动学员参与实践的积极性，较好掌握实践技能；能解决学员在实践中存在的问题	能亲手演示和指导学员实验、实习，操作基本规范；基本能解决学员在实践中存在的问题	很少亲手演示和指导学员实验、实习，操作不够规范，不能很好的解决学员在实践中存在的问题	
	实践效果	40分	学员达到实践教学要求，熟练掌握实践技术、技能；培养了学员的动手能力和解决实际问题的能力；学员对实践过程满意	学员能较好的达到实践教学要求，熟练掌握实践技术、技能；培养了学员的动手能力和解决实际问题的能力；学员对实践过程较满意	学员能较好的达到实践教学要求，熟练掌握实践技术、技能；培养了学员的动手能力和解决实际问题的能力；学员对实践过程基本满意	学员未达到实践教学要求，实践技术、技能不熟练；学员的动手能力和解决实际问题的能力提高不大；学员对实践过程不满意	
合计	综合成绩	100	(100>x≥90)	(90>x≥75)	(75>x≥60)	(x<60)	

注：表中理论教学与实践教学各100分。理论教学与实践教学分别评分和计算等级，以便分析任课教师能力状态。综合成绩中理论教学成绩占40%，实践教学成绩占60%。

表22　通信技术专业教师(上岗、提高、骨干)论文评分表

姓名：　　　　　　　　专业：

类别	项目	分值	优秀(100>x≥90) 参考标准	良好(90>x≥75) 参考标准	合格(75>x≥60) 参考标准	不及格(x<60) 参考标准	评分
基本要求	论文规范程度	20	论文论点明确,格式完全符合规范要求	论文论点明确,格式符合规范要求	论文论点正确,论文格式基本规范	论文论点正确,论文格式不规范	
	工作量	10	能很好地完成培训任务规定的字数以上的论文工作量	能完成培训任务规定的字数以上的论文工作量	基本完成培训任务规定的字数以上的论文工作量	没有完成培训任务规定的字数以上的论文工作量	
	文字表达	5	论文结构严谨,逻辑性强,论述层次清楚,语言准确,文字流畅	论文结构合理,符合逻辑,文章层次分明,语言准确,文字通顺	论文结构有不合理部分,逻辑性不强,论说基本清楚,文字尚通顺	内容空泛,结构混乱,文字表达不清,错别字较多	
论文内容要求	论文摘要	10	论文摘要内容合理清晰,译文准确,质量好	论文摘要内容合理,译文准确,质量好	论文摘要内容基本合理,译文准确	论文摘要内容不合理,译文准确	
	关键词	5	关键词准确,数量适合	关键词正确,数量适合	关键词基本正确,数量适合	关键词不准确	
	文献资料	5	参考文献选择合理,资料、文献格式正确,数量符合要求	参考文献选择合理资料,资料、文献格式正确,数量符合基本要求	参考文献选择基本合理,资料、文献格式基本正确,数量符合基本要求	参考文献选择不够合理,资料、文献格式基本正确,数量符合基本要求	
	职业教学方法应用	20	能很好应用职业教学方法和课程开发方法撰写论文	能应用职业教学方法和课程开发方法撰写论文	掌握基本的职业教学方法或课程开发方法撰写论文	不能应用职业教学方法和课程开发方法撰写论文	
	研究成果	15	研究内容和成果分析正确	研究内容和成果结论正确	研究内容和成果分析基本正确	研究内容和成果分析不正确	
	基础理论与专业知识	10	论文中涉及的有关基础理论与专业知识概念正确,思路明晰	论文中涉及的有关基础理论与专业知识概念正确	论文中涉及的有关基础理论与专业知识概念基本正确	论文中涉及的有关基础理论与专业知识概念不正确	
论文成绩		100	(100>x≥90)	(90>x≥75)	(75>x≥60)	(x<60)	

答辩评价表

类别	项目	分值	优秀(100>x≥90)	良好(90>x≥75)	合格(75>x≥60)	不及格(x<60)	评分
答辩成绩	自述时间	20	4 min<t<5 min	5 min<t<7 min	7 min<t<9 min	t>9 min	
	自述内容	40	能简明扼要,重点突出地阐述论文的主要内容	能比较流利、清晰地阐述 论文的主要内容	能阐明自己的基本观点,对某些主要问题虽不能回答或有错误	不能阐明自己的基本观点,主要问题答不出或有原则错误	
	提问解答	30	能准确流利地回答各种问题	能较恰当地回答与论文有关的问题	经提示后才能作补充或进行纠正	经提示后仍不能回答有关问题	
	表达能力	10	有较好的语言表达能力和适当的肢体语言	语言表达能力和肢体语言能力较好	语言表达能力适当	语言表达能力有障碍	
	答辩成绩总分	100					
综合成绩总分		100					

注:条件许可时,应组织提交论文的学员完成论文答辩,参考答辩评分表对教师答辩水平进行评分;在综合成绩中,答辩成绩占30%,论文成绩占70%。

表23 通信技术专业教师(上岗、提高、骨干)培训教学试讲评分表

姓名： 专业：

类别	项目	分值	优秀(100＞x≥90) 参考标准	良好(90＞x≥75) 参考标准	合格(75＞x≥60) 参考标准	不及格(x＜60) 参考标准	评分
课件	教学或课程课件开发	25分	课件内容精练，重点突出，图文并茂，运用现代教学方法和课程思路，突出课件的新颖性	课件内容精练，重点突出，图文并茂，运用现代教学方法和课程开发方法	课件内容重点突出，运用现代教学方法和课程开发方法	课件内容重点不突出，不能运用现代教学方法和课程开发方法	
确定目标	课程的地位	5分	能准确说明本节课内容在教学大纲中的地位和作用	能说明本节课内容在教学大纲中的地位和作用	基本能说明本节课内容在教学大纲中的地位和作用	不能说明本节课内容在教学大纲中的地位和作用	
确定目标	教学目标	5分	能准确表述教学目标，可观察、可检测，符合大纲要求和学生实际，体现技能训练的可操作性	能表述教学目标，可检测，符合大纲要求和学生实际，体现技能训练的可操作性	基本能表述教学目标，符合大纲要求和学生实际，体现技能训练的可操作性	不能表述教学目标，不体现技能训练的可操作性	
确定目标	重难点确定	5分	能准确说明本课的重点、难点	正确说明本课的重点、难点	基本准确说明本课的重点、难点	不能准确说明本课的重点、难点	
教学方法运用	教法设计	10分	能针对教学内容合理选用职业教学方法，教法设计能体现行动导向、以学生为主体	针对教学内容选用职业教学方法，教法设计能体现行动导向、以学生为主体	能选用职业教学方法，教法设计基本能体现行动导向、以学生为主体	不能针对教学内容选用职业教学方法	
教学方法运用	学法设计	10分	结合教学方法设计，能体现学生"自主、合作、探究"学习方法	用教学方法引导学生"自主、合作、探究"学习	在教学方法设计中基本体现对学生"自主、合作、探究"学习方法	不能使用教学方法引导学生"自主、合作、探究"学习	
教学方法运用	教学媒体选用	5分	能根据教学内容合理选用教室、设备、教材、教具等教学媒体	能根据教学内容选用教室、设备、教材、教具等教学媒体	基本掌握根据教学内容合理选用教室、设备、教材、教具等教学媒体	不能根据教学内容合理选用教室、设备、教材、教具等教学媒体	
教学程序	环节设计	10分	课堂教学结构设计安排合理，突出重点、突破难点方法得当，教学时间分配得当	课堂教学结构合理，教学思路清楚，能突出重点、突破难点，时间分配得当	课堂教学结构基本合理，教学思路清楚，时间分配得当	课堂教学结构不合理，时间分配不得当	
教学程序	教学反馈	10分	合理设计教学反馈环节，注重教学过程中的教学效果反馈，预估教学效果	能设计教学反馈环节，教学中能注意教学效果反馈	基本能注意教学反馈环节，预估教学效果	不掌握教学反馈环节和预估教学效果	
教师基本素质	语言表达	5分	普通话基本标准，表述具体、充实，层次清楚，语言简练清晰，逻辑性强，富有感染力	能说比较标准的普通话，语言流畅，在表达过程中，用词比较准确，条理比较清楚，感情饱满	能用普通话讲课，能对某一特定的话题阐述自己的观点；表述基本清楚准确	普通话不标准，表述不够清楚准确	
教师基本素质	仪表举止	5分	仪态端庄，举止自然大方，表情丰富，富有修养，精力充沛	能保持良好的精神面貌，穿着得体，整洁大方，举止比较适度	能够基本做到保持良好的仪态，举止比较适度	仪态不整，举止欠文明	
教师基本素质	板书设计	5分	板书设计合理，有层次，突出重点，字迹工整、美观	板书设计比较合理，简明、醒目、内容精练，书写比较规范美观	板书设计基本合理，文字及用语比较准确	板书设计不合理，内容杂乱，书写不工整	
合计	综合成绩	100	(100＞x≥90)	(90＞x≥75)	(75＞x≥60)	(x＜60)	

表 24　通信技术专业教师(上岗、提高、骨干)培训企业实践评分表

姓名：　　　　　　　专业：

类别	项目	分值	优秀(100>x≥90) 参考标准	良好(90>x≥75) 参考标准	合格(75>x≥60) 参考标准	不及格(x<60) 参考标准	评分
出勤	劳动纪律	20分	出勤率100%,工作期间能坚守岗位	出勤率80%及以上,工作期间能坚守岗位	出勤率60%及以上,工作期间能坚守岗位	出勤率低于60%,工作期间不能坚守岗位	
学习态度	规章制度	10分	严格遵守企业的规章制度,爱岗敬业;实训态度非常认真、主动	能够较好的遵守企业规章制度;实训态度认真、主动	基本遵守企业规章制度;实训态度比较认真	不遵守企业规章制度;实训态度不认真	
	吃苦耐劳	10分	工作中非常能吃苦耐劳,勇于承担任务、优质完成任务,不怕脏、累	工作中有吃苦耐劳精神,能承担任务,基本完成任务	工作中基本能吃苦耐劳,能承担任务、比较努力	工作中不能吃苦耐劳,不能完成任务	
	技能学习	10分	态度好,刻苦努力学习技术、学习技能	学习态度良好,刻苦努力,努力学习专业技能	学习态度一般,学习比较努力	学习态度不好,不够努力	
	岗位职责	10分	立足本职工作,尽心尽职履行岗位职责,有创新意识,能很好的进行团队协作	立足本职工作,较好的履行岗位职责,能较好的进行团队协作	立足本职工作,基本能够履行岗位职责,能进行团队协作	本职工作做得不好,不能够履行岗位职责	
	企业文化	10分	主动认真感悟企业文化,有强烈的企业信任度	认真感悟企业文化,有较强的企业信任度	能学习企业文化,基本接受企业文化	不能感悟和接受企业文化	
技能与管理	技能学习	10分	很好的掌握实训技能的知识、方法等,技能操作十分熟练	能较好的掌握实训技能的知识、方法等,技能操作熟练	基本掌握实训技能的知识、方法等,能进行相关技能操作	不能掌握实训技能的知识、方法等,不会技能操作	
	管理学习	10分	能主动了解和学习企业相关管理制度和管理方法	基本了解和学习企业相关管理制度和管理方法	了解和学习了一些企业相关管理制度和管理方法	未了解和学习企业相关管理制度和管理方法	
	学习反馈	10分	结合教学实际需要,主动了解企业对员工和专业教学的需求	在企业实践中,结合教学实际需要,了解企业对专业教学的需求	在企业实践中,了解一些企业需求	不注意了解企业对学校教学的需求	
合计	综合成绩	100分	(100>x≥90)	(90>x≥75)	(75>x≥60)	(x<60)	

企业实习岗位负责人：　　　　　　　　　　　　　　　　　　　　　　　　时间：　　年　月　日

表25　通信技术专业教师(上岗、提高、骨干)学习过程评价评分表

类别	评价项目		分值	优秀(100>x≥90) 参考标准	良好(90>x≥75) 参考标准	合格(75>x≥60) 参考标准	不及格(x<60) 参考标准	评分
表现性评价	自主学习表现	出勤表现	6分	出勤率100%,不迟到、不早退	出勤率80%及以上,不迟到、不早退	出勤率60%及以上,偶尔迟到、早退	出勤率低于60%,经常迟到、早退	
		课堂表现	4分	无论是上课还是小组活动中,能很好地聆听他人的讲话,学习主动积极	上课、小组活动中,能较好的聆听他人的讲话,学习较主动	上课、小组活动中,基本能聆听他人的讲话,学习不够主动	上课、小组活动中,不能聆听他人的讲话,学习无主动性	
		参与程度	4分	在培训期间,认真完成各项任务,积极参与学习和讨论,对各种评价反馈主动配合	在培训期间,较好的完成各项任务,能参与学习,讨论,对各种评价反馈给予配合	在培训期间,基本完成各项任务,能参与讨论,对各种评价反馈基本配合	在培训期间,不能完成各项任务,不参与讨论,对各种评价反馈不予配合	
		情感体验	2分	对学习的兴趣、关注、投入情感度高	对学习的兴趣、关注、投入情感度较高	对学习的兴趣、关注、投入情感度一般	对学习的兴趣、关注、投入情感度低	
		信息基本素养	4分	能熟练应用教学媒体(场地、多媒体设备、实验设备、教学软件等)	能较熟练应用教学媒体(场地、多媒体设备、实验设备、教学软件等)	基本能应用教学媒体(场地、多媒体设备、实验设备、教学软件等)	教学媒体的应用能力差(场地、多媒体设备、实验设备、教学软件等)	
	协同合作学习表现	分工合理	6分	小组成员之间有明确分工,任务分配合理,在项目完成中贡献大	小组成员之间有明确分工,任务分配较合理,在项目完成中贡献较大	小组成员之间分工基本明确,任务分配基本合理,在项目完成中有所贡献	小组成员之间没有明确分工,任务分配不够合理,在项目完成中贡献小	
		研讨交流	6分	能在小组内很好地进行交流、辩论,并对自己的观点进行反思,尊重教师和其他学员的观点	能在小组内较好的交流、辩论,能对自己的观点进行较多的反思,尊重教师和其他学员的观点	基本能在小组内交流、辩论,对自己的观点进行一定反思,基本尊重教师和其他学员的观点	不能在小组内交流、辩护,对自己的观点反思少,不尊重教师和其他学员的观点	
		共享意识	4分	乐于贡献自己的知识、观点和技能,主动关心小组成员的学习感受和学习需求,乐于与他们共享所需已有的学习资源	乐于贡献自己的知识、观点和技能,比较主动关心小组成员的学习感受和学习需求,比较乐于与他们共享所需已有的学习资源	基本愿意贡献自己的知识、观点和技能,在一定程度上关心小组成员的学习感受和学习需求	不愿意贡献自己的知识、观点和技能,对小组成员的学习感受和学习需求不关心,不愿意与他们共享所需已有的学习资源	
		团队意识	4分	对小组成员间经常相互激励,以便能够为实现小组的目标而努力,主动为小组作贡献,有良好的团队意识	对小组成员间激励较多,以便能够为实现小组的目标而努力,愿意为小组作贡献,有一定的团队意识	对小组成员间有一定激励,能配合为实现小组的目标而努力,基本愿意为小组作贡献,有团队意识	对小组成员间激励很少,不能够为实现小组的目标而努力,团队意识较差	

续上表

类别	评价项目		分值	优秀(100>x≥90) 参考标准	良好(90>x≥75) 参考标准	合格(75>x≥60) 参考标准	不及格(x<60) 参考标准	评分
形成性成果评价	学习资源的收集与整理	实用性	8分	学习资源的选择,能从学习对象的角度出发考虑问题,很好的体现电子技术行业的新理论、新知识、新技术、新方法,能为进一步专业学习提供有效的途径	学习资源的选择,能较好的体现电子技术行业的新理论、新知识、新技术、新方法,能为进一步专业学习提供有效的途径	学习资源的选择,基本能体现电子技术行业的新理论、新知识、新技术、新方法,能为进一步专业学习提供途径	学习资源的选择,不能体现电子技术行业的新理论、新知识、新技术、新方法,不能为进一步专业学习提供途径	
		科学性	6分	学习资源的选择科学、合理,对今后工作有良好的指导和帮助作用	学习资源的选择比较科学、合理,对今后工作有一定的指导和帮助作用	学习资源的选择基本科学、合理,对今后工作有一定的指导和帮助作用	学习资源的选择不科学合理,不能形成对今后工作的指导和帮助作用	
		教育性	6分	学习资源符合通信技术专业的教学要求,体现通信技术专业能力标准的要求	学习资源比较符合通信技术专业的教学要求,大部分能体现通信技术专业能力标准的要求	学习资源基本符合通信技术专业的教学要求,基本体现通信技术专业能力标准的要求	学习资源不符合通信技术专业的教学要求,不能体现通信技术专业能力标准的要求	
	作品展示	作业文件夹	12分	学员学习过程中形成的作业文件夹(包括教学设计、资源收集与加工、反思日志等)材料充分,质量高	学员学习过程中形成的作业文件夹(包括教学设计、资源收集与加工、反思日志等)材料较多,质量较高	学员学习过程中有基本的作业文件夹	学员学习过程中的作业文件夹材料不齐,质量较差	
		学习记录文档	8分	学员学习过程中形成的记录文档(包括知识记录卡、讨论记录、小组作品和交流文稿等)完整齐全,质量高	学员学习过程中形成的记录文档(包括知识记录卡、讨论记录、小组作品和交流文稿等)比较完整齐全,质量较高	学员学习过程中有基本的记录文档	学员学习过程中形成的记录文档很少,质量差	
		教学设计方案	8分	每个学员完成的一节课或一个教学单元/主题的教学设计方案(包括文稿、资源、评价和过程记录等)完整齐全,质量高	每个学员完成的一节课或一个教学单元/主题的教学设计方案(包括文稿、资源、评价和过程记录等)比较完整齐全,质量较高	每个学员基本有完成的一节课或一个教学单元/主题的教学设计方案	每个学员完成的一节课或一个教学单元/主题的教学设计方案很少	
		实训成果	12分	通信终端维修、通信设备安装、通信系统维护、通信系统故障处理实训成果质量高	通信终端维修、通信设备安装、通信系统维护、通信系统故障处理实训成果质量较高	通信终端维修、通信设备安装、通信系统维护、通信系统故障处理实训成果质量合格	通信终端维修、通信设备安装、通信系统维护、通信系统故障处理实训成果质量差	
合计	综合成绩		100分	(100>x≥90)	(90>x≥75)	(75>x≥60)	(x<60)	

表 26 通信技术专业培训教师(上岗、提高、骨干)自我评价表

姓名：_____ 性别：_____ 工作单位：_____ 时间：_____

评价内容	评价结果	有待改善	尚且合格	表现一般	表现理想	非常出色	培训学员自我整体评价
自我量化评估	学习态度						
	出勤与平时表现						
	现代教育技术应用						
	专业教学法						
	教学能力						
	通信技术专业"四新"						
	通信终端维修步骤						
	固话终端维修结果						
	移动终端维修结果						
	通信设备安装步骤						
	通信设备安装						
	交换机系统巡检、故障处理						
	移动基站巡检、故障处理						
	传输系统巡检、故障处理						
	通信动力系统巡检、故障处理						
	企业实践应知内容						
	适应与学习能力						
	组织与协作能力						
	语言与文字表达能力						
	创新能力						
	科研能力						

表 27 企业满意度评价表

评价内容		评价指标	评价等次			
			满意	较满意	一般	不满意
培训选送	1	对培训选送方法的评价				
	2	对培训选送程序的评价				
	3	对培训选送结果的评价				
	4	对选送对象培训费用承担比例的评价				
培训方案	5	对培训目标定位准确性的评价				
	6	对培训班培训内容安排的评价				
	7	对培训班活动安排(包括考察、文体活动)的评价				
	8	对培训模式和方法的评价				
	9	对培训成绩评定方式的评价				
培训管理	10	对培训班教学组织、管理的评价				
	11	对培训质量监控的评价				
	12	对培训过程中信息沟通、反馈的评价				
培训效果	13	对达到培训目标程度的评价				
	14	对培训特色的评价				
	15	对培训提高专业技能的评价				
	16	对培训班教师教学水平、教学效果影响的评价				
	17	对培训班的总体满意度				

表 28　对合作企业评价表

评价内容		评价指标	评价等次			
			满意	较满意	一般	不满意
实训条件	1	对企业实训环境的评价				
	2	对企业生产规范的评价				
	3	对企业生产工艺流程的评价				
	4	对企业用人标准的评价				
实训方案	5	对企业实训目标定位准确性的评价				
	6	对企业实训内容安排的评价				
	7	对企业实训活动安排的评价				
	8	对企业实训模式和方法的评价				
	9	对企业实训成绩评定方式的评价				
实训管理	10	对企业实训教学组织、管理的评价				
	11	对企业实训质量监控的评价				
	12	对企业实训过程中信息沟通、反馈的评价				
实训效果	13	对达到培训目标程度的评价				
	14	对企业实训特色的评价				
	15	对企业实训提高实践工作能力的评价				
	16	对企业实训教师专业教学水平、教学效果影响的评价				
	17	对企业实训的总体满意度				

表 29　通信技术专业教师(上岗、提高、骨干)培训考核成绩合格率与分布情况统计表

学校或地区	人　数						合　格　率			备注
	第　期		第　期		第　期		第　期(%)	第　期(%)	第　期(%)	
	参加人数	合格人数	参加人数	合格人数	参加人数	合格人数				

表 30　通信技术专业(上岗、提高、骨干)培训取证率统计表

学　校	专　业	培训人数	中　级			初　级			备注
			考核人数	合格人数	合格率(%)	考核人数	合格人数	合格率(%)	

表 31　选送单位满意度评价表

评价内容		评价指标	评价等次			
			满意	较满意	一般	不满意
培训选送	1	对培训选送方法的评价				
	2	对培训选送程序的评价				
	3	对培训选送结果的评价				
	4	对选送对象培训费用承担比例的评价				
培训方案	5	对培训目标定位准确性的评价				
	6	对培训班培训内容安排的评价				
	7	对培训班活动安排(包括考察、文体活动)的评价				
	8	对培训模式和方法的评价				
	9	对培训成绩评定方式的评价				
培训条件	10	对培训班所用教材和参考资料、讲义质量的评价				
	11	对教学设施满足培训需要程度的评价				
	12	对培训班生活条件与安排(包括食宿)的评价				
	13	对实习实训条件满足培训需要程度的评价				
培训效果	14	对达到培训目标程度的评价				
	15	对培训特色的评价				
	16	对培训教师专业能力提高的评价				
	17	对培训班教师教学水平、教学效果提高的评价				
	18	对培训班的总体满意度				

≪≪≪≪ 参考文献 ≫≫≫≫

[1] 教育部职业教育与成人教育司,教育部职业技术教育中心研究所.中等职业学校通信技术专业教学指导方案.北京:高等教育出版社,2002.

[2] 劳动和社会保障部.用户通信终端(移动电话机)维修员(国家职业标准).北京:中国劳动社会保障出版社,2006.

[3] 劳动和社会保障部,家用电子产品维修工(国家职业标准).北京:中国劳动社会保障出版社,2002.

[4] 教育部高等教育司.人才培养工作水平评估.北京:人民邮电出版社,2004.

[5] 邓泽民.职业教育教学设计.北京:中国铁道出版社,2006.

[6] 姜大源.历史与现状——德国双元制职业教育.北京:经济科学出版社,1998.

[7] 韩向莉.中等职业学校教师队伍建设的现状及对策研究.天津大学,2003.